Springer

国外油气勘探开发新进展丛书

二十四

GUOWAIYOUQIKANTANKAIFAXINJINZHANCONGSHU

GEOLOGICAL CORE ANALYSIS
APPLICATION TO RESERVOIR CHARACTERIZATION

地质岩心分析
在储层表征中的应用

【伊朗】Vahid Tavakoli 著

刘 卓 吕 洲 宁超众 译

石油工业出版社

内 容 提 要

本书以中东地区储层为例,介绍与储层表征相关的岩心分析工作过程,并介绍岩心分析的微观研究、宏观研究、应力研究、岩石类型评价研究中涉及的实验种类、测试手段、分析方法等内容,是对中东地区岩心研究工作思路和方法的全面总结和介绍。

本书既可作为岩心分析实验人员的指导手册,也可作为油藏描述技术人员的参考工具书。

图书在版编目(CIP)数据

地质岩心分析在储层表征中的应用/(伊朗)瓦希德塔瓦库里著;刘卓,吕洲,宁超众译. —北京:石油工业出版社,2021.7

书名原文:Geological Core Analysis: Application to Reservoir Characterization

ISBN 978 – 7 – 5183 – 4659 – 2

Ⅰ. ① 地… Ⅱ. ① 瓦… ② 刘… ③ 吕… ④ 宁… Ⅲ.
① 油气藏 – 储集层特征 – 研究 Ⅳ. ① P618.130.2

中国版本图书馆 CIP 数据核字(2021)第 133688 号

First published in English under the title

Geological Core Analysis: Application to Reservoir Characterization

by Vahid Tavakoli

Copyright © Vahid Tavakoli, 2018

This edition has been translated and published under licence from Springer Nature Switzerland AG.
Springer Nature Switzerland AG takes no responsibility and shall not be made liable for the accuracy of the translation.

出版发行:石油工业出版社

(北京安定门外安华里 2 区 1 号楼 100011)

网 址:www.petropub.com

编辑部:(010)64523537 图书营销中心:(010)64523633

经 销:全国新华书店

印 刷:北京中石油彩色印刷有限责任公司

2021 年 7 月第 1 版 2021 年 7 月第 1 次印刷

787 × 1092 毫米 开本:1/16 印张:7

字数:150 千字

定价:80.00 元

(如出现印装质量问题,我社图书营销中心负责调换)

《国外油气勘探开发新进展丛书(二十四)》
编 委 会

序

"他山之石，可以攻玉"。学习和借鉴国外油气勘探开发新理论、新技术和新工艺，对于提高国内油气勘探开发水平、丰富科研管理人员知识储备、增强公司科技创新能力和整体实力、推动提升勘探开发力度的实践具有重要的现实意义。鉴于此，中国石油勘探与生产分公司和石油工业出版社组织多方力量，本着先进、实用、有效的原则，对国外著名出版社和知名学者最新出版的、代表行业先进理论和技术水平的著作进行引进并翻译出版，形成涵盖油气勘探、开发、工程技术等上游较全面和系统的系列丛书——《国外油气勘探开发新进展丛书》。

自 2001 年丛书第一辑正式出版后，在持续跟踪国外油气勘探、开发新理论新技术发展的基础上，从国内科研、生产需求出发，截至目前，优中选优，共计翻译出版了二十三辑 100 余种专著。这些译著发行后，受到了企业和科研院所广大科研人员和大学院校师生的欢迎，并在勘探开发实践中发挥了重要作用。达到了促进生产、更新知识、提高业务水平的目的。同时，集团公司也筛选了部分适合基层员工学习参考的图书，列入"千万图书下基层，百万员工品书香"书目，配发到中国石油所属的 4 万余个基层队站。该套系列丛书也获得了我国出版界的认可，先后四次获得了中国出版协会的"引进版科技类优秀图书奖"，形成了规模品牌，获得了很好的社会效益。

此次在前二十三辑出版的基础上，经过多次调研、筛选，又推选出了《储层岩石物理基础》《地质岩心分析在储层表征中的应用》《数据驱动分析技术在页岩气油气藏中的应用》《水力压裂与天然气钻井的问题与热点》《水力压裂与页岩气开发的问题和对策》《管道腐蚀应力开裂》等 6 本专著翻译出版，以飨读者。

在本套丛书的引进、翻译和出版过程中，中国石油勘探与生产分公司和石油工业出版社在图书选择、工作组织、质量保障方面积极发挥作用，一批具有较高外语水平的知名专家、教授和有丰富实践经验的工程技术人员担任翻译和审校工作，使得该套丛书能以较高的质量正式出版，在此对他们的努力和付出表示衷心的感谢！希望该套丛书在相关企业、科研单位、院校的生产和科研中继续发挥应有的作用。

中国石油天然气股份有限公司副总裁 李鹭光

译 者 前 言

油气是当今世界能源最主要的类型。油藏深埋于地下,岩心是唯一能够直接反应地下油藏特征的数据资料,是一切后续地震、测井、测试等精细分析的基础,是将油藏宏观特征与微观属性建立有效联系的纽带。毫不夸张地说,围绕油藏的一切问题,都需要、并能够直接或间接地从岩心中找到答案。就像人类对月球的探索,数千年的观察描述,无数次的遥感覆盖,都不及一块直接取自月球的岩石样品。同时,岩心数据的获取极其昂贵,为了全面挖掘岩心中蕴藏的信息,地质学家和油藏工程师始终不遗余力,几乎将所有现代科技分析测试手段都在岩心上招呼了一番。因此,岩心分析也成为地质油藏研究中最重要、最基础、也是最庞杂的工作,既要求研究人员具有扎实的地质、油藏、数学、理化等基础知识,又要对生产现场需求和实验分析技术实时跟踪、深入了解。然而,目前国内尚无一部完整介绍岩心分析相关工作的著作和指南,多是不同专业根据自身研究目标,描述本专业中涉及的岩心分析手段。

随着我国经济的发展,国内油气行业与国际石油公司的接触越来越频繁、合作越来越深入,而中东由于其资源优势和区位特点,一直是全球油气行业深耕的热点地区,其研究思路和技术体系深受西方影响。译者在与国外油气公司交流过程中发现,我国在岩心分析中使用的描述方法、术语体系、技术手段、成果形式等都与西方油气行业存在较大差异。本书介绍了岩心分析工作中,从取心到实验,再到保存的整个工艺过程,总结了岩心分析数据的微观研究、宏观研究、地球化学研究,岩石类型评价研究中涉及的实验种类、测试手段、分析方法等内容,是对中东地区岩心研究工作思路和方法的全面总结和介绍,既可作为岩心分析实验人员的指导手册,也可作为油藏描述技术人员的参考工具,更是开展国内外岩心分析和油藏描述工作思路方法对比研究的良好素材。但另一方面,由于中东地区现阶段已开发油田以常规油藏为主,文中介绍的内容也多是针对常规油藏的分析方法,对非常规油藏更多关注的岩石力学性质问题,提高实验室条件下的分析结果对油藏条件下的储层性质的代表性问题涉及较少;除此,现有的研究思路是将岩心分析的宏观—微观研究成果通过岩石分类集成到一起,但由于岩心微观分析与宏观分析尺度上的差异,岩心分析与测井、地震尺度上的差异,往往导致实验分析越来越细致,现场应用越来越粗化,如何将精细的分析成果更加有效地用于指导油田的开发实践,都是译者与广大同行可以一同思考的问题。

岩心分析需要各学科之间的配合,图书翻译也需要团队协作。这里,感谢朋友们为本书翻译提供的帮助和建议,感谢石油工业出版社编辑的精心编校,感谢师长多年的指导和支持。

限于译者水平,不妥之处敬请读者指正。

前　　言

　　岩心是储层研究中最重要的,也是最可信的地下信息来源。但目前很少有书籍专门介绍这部分内容,只是在岩心分析项目的地质部分有少量的涉及。很多学生问道,拿到数据后该如何开始,该做些什么。本书试图填补这部分空白。该书首先介绍岩心分析的概况,之后介绍地质分析之前的准备工作。这些内容都是很重要的,因为孔隙度和渗透率数据需要与地质成果一同建立理想的储层模型框架并预测其中的属性分布。接着,本书介绍了微观岩心分析部分内容,包括需要记录哪些数据,以及其如何记录这些数据。之后是宏观岩心研究相关的内容。地球化学属性可以帮助更好地理解地下的性质,因此接下来介绍了地球化学研究的原理和应用方式。最后一章介绍地质和岩石物理数据的集成。

　　本书内容包括地质岩心分析的理论和工业应用方法,可同时服务于这两个方向的研究人员。虽然本书的主要目标读者是石油地质学家和油藏工程师,但也可作为相关学生、研究人员、工程师,以及任何与岩心相关的工作人员的参考。本书涵盖了本人在不同油气田从事管理和分析岩心相关工作的经验,还包含本人本科期间的石油地质课程相关部分内容。书中没有提供大量的图片,因为这些图片很容易搜索得到。相反,我对基本原理做了大量解释,并使用了大量原理示意图来更好地解释相关过程和机理。

　　这里要感谢 Mehrangiz Naderi – Khujin 博士为本书绘制了大量图片。她还阅读了本书的第一版手稿,并提出了大量有益的建议。她是一位优秀的地质家,在我的整个从业阶段,都一直与我共事。我在德黑兰大学的同事和学生也为本书的编写提供了大量帮助。我还要感谢私人岩心分析实验室和伊朗国家石油公司的帮助,他们也为本书的编写做出了贡献。另外,我还要感谢我的家人,他们都耐心地帮助我筹备该书的编写。我知道即便花费了巨大的努力,仍会有不足之处。因此,欢迎读者批评并给出意见建议。

瓦希德·塔瓦库里

伊朗　德黑兰

2018 年 2 月

目　　录

第1章 岩心分析:概况

岩心是油气勘探、评价、开发、生产的基础数据。岩石是某些参数的唯一来源,比如岩石结构参数、储层渗透率等,这样的数据可以计算得到,但无法直接获得。还有一些其他参数,如孔隙度等,需要通过岩心数据来标定。岩心直接从储层岩石取样,并由研究人员进行测试、分析、检查。岩心分析项目从取样计划开始,包括取样、保存,之后进行三个阶段的分析,包括常规分析、地质分析,以及特殊岩心分析。有时还需要一些附加的分析,包括地应力分析和地球化学分析。岩心项目中会涉及不同的专家,还要考虑所有相关的变量,包括取样要求、花费,以及可能涉及的不同的取心和岩心分析方案。取心后,岩心会被送至实验室。首先对岩心测试岩心伽马,之后对整个岩心进行 CT 扫描。在常规岩心分析阶段,使用单相流体进行测量。这一阶段还包括为常规岩心分析、特殊岩心分析,以及地质分析所需的岩心处理和制备工作。地质分析包括薄片制备、微观和宏观分析、岩石类型分析等。之后,基于得到的数据与测井计算数据进行对比,并在井间进行预测。在特殊岩心分析阶段,使用多相流体进行测试,并得到储层中多相流的动态响应特征。最后将所有数据集成,从而重建地下储层岩石和流体的分布特征。

1.1 本书的目的

从第一口取心井实施至今,已经过去了很长时间。关于油藏取心和岩心分析,已经积攒了大量的数据和经验。但关于油藏的勘探和开发,仍有大量的不确定性。岩心工作中,从取心计划到岩心归档,涉及地质、油藏工程、岩石物理、地球化学、地质力学等多个学科。很多文献中都论述了取心的目的和重要性(McPhee 等,2015),还有很多文献,尤其是油藏工程方面,论述了岩心工作的某个方面(Tiab 等,2015),但少有文献从地质角度对岩心分析从微观到宏观进行逐步介绍。关于如何将地质数据与岩石物理参数相结合,进而更好地理解地质属性对油藏动态特征的影响,目前也没有十分理想的总结。

本书的目的是介绍岩心分析在地质研究中心应用,这里包括科学角度和工程角度。事实上,地质是储层评价的基础,因此,来自岩心的地质数据对油藏分析团队非常重要。本书将从地质角度,对岩心从制备到分析和归档整个流程进行介绍,包括所有从微观到宏观的内容。进一步地,还包括地球化学方面的测试和分析,以及如何集成所有数据进行岩石分类,从而建立地质模型。进一步的,还包括如何应用这些认识开展层序地层分析,并得到油藏分区方面的认识。

1.2 岩心分析在储层表征中的作用

储层表征所需的基本信息包括孔隙度、渗透率、含水饱和度、净毛比。这些数据有两个来源,一个是直接方法,另一个是间接方法。直接方法包括对岩心、岩屑的测量,间接方法包括通过测井、试井、地球物理等资料进行计算。通过钻井过程中的岩屑数据得到的信息有限,无法得到孔隙度和渗透率数据。同时,岩屑样品取样时的时间延迟导致的定位困难,也会对该类样品的分析造成问题,另外,从井壁掉落的岩石碎片也会混杂在岩屑样品中。

早期的取心工具出现在19世纪第一个十年的末期,在20年代初期,才有效地应用在钻井工业中(Anderson,1975)。后续得到了重大发展。目前,已有很多取心工具。对取心工具的选择主要取决于储层岩石的类型和岩心分析的目的。无论取心方法是什么,都是从储层中取出圆柱形样品。这些样品能够代表储层特征,并且是油藏研究最可靠的数据来源。这是可接触到的并可在实验室测试的最直接的储层岩石样品。可以通过岩心分析测得储层的动静态数据,从而更准确地了解岩石属性和油藏动态特征。通过对岩心进行单相和多相流体测试,还可以得到更高级的岩石物理属性参数和流体流动参数。测井数据需要应用更准确的岩心分析数据进行标定,比如标定孔隙度,或是计算岩石骨架的声波速度等。岩心的地球化学和地质力学测试还可以反映很多储层岩石的性质。大部分的地质数据,包括岩石的结构、孔隙类型、沉积构造、黏土矿物等都是基于岩心数据得到的。当然这些数据也可以通过其他方式得到,但岩心是这些方式中最准确的。将岩心数据与其他方式数据进行比照和集成,可以得到更准确的储层岩石动静态特征(图1.1)。

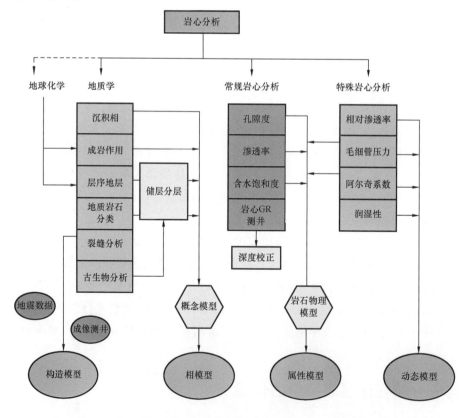

图1.1 岩心分析结果及其在储层表征中的作用(引自 M. Naderi)

1.3 岩心分析计划

开展取心工作之前,首要的问题是要确定取心对油藏评价工作的作用。取不心是否真的必要? 大部分时候,结论是肯定的。取心的预算并不比钻井和完井高,但取心却可以为油藏评价提供重要的信息。一个综合的地质、岩石物理、油藏工程、钻井、生产人员的团队,要首先将取心工作的目的列出来,最终的目标是要加深对储层性质的了解,同时还要考虑到时间和预算的影响。对取心工具的选择要基于工区储层性质来确定。井筒尺寸和温度压力等环境条件也会对选择取心工具造成重要影响。

在取心方案中,还包括岩心分析方案。这很重要,因为其决定了岩心和岩心分析数据的类型。所有的工作都应按照时间进度安排完成。对于每一项分析,都应准备对应的工作分解结构表(WBS)。一个地质岩心分析计划见表1.1。

表1.1 一项100m岩心描述的实例(取样数量和时间周期是可变的,主要取决于可用的岩心长度、实验室潜力,以及人员数量)

序号	任务	质量	单位	月							
				1	2	3	4	5	6	7	8
1	微观研究										
1.1	薄片制备	400	个		×						
1.2	岩相分析	400	个			×					
1.3	微古生物学	400	个				×				
1.4	层序地层分析	400	米					×	×		
1.5	储层岩石类型	400	个					×			
2	XRD分析										
2.1	选样和制备	20	个	×			×				
2.2	XRD分析	20	个	×			×				
3	SEM分析和成像										
3.1	选样和制备	20	个				×				
3.2	SEM成像	20	个				×				
4	宏观岩心分析										
4.1	宏观岩心描述	100	米	×				×			
4.2	裂缝研究	100	米	×				×	×		
4.3	岩心照相(全岩照相和特写照像)	100	米	×							
4.4	岩心录井准备	100	米						×	×	
5	报告编写								×	×	×

需要注意的是,取心和岩心分析计划应当一井一策,井井不同。要开展哪些分析,如常规岩心分析、地质分析、特殊岩心分析、地球化学分析、地质力学分析等,哪些是真正必要的,要根据工作目的准备相关数据。

对于岩心分析工作,项目的管理非常重要。项目中会涉及不同专业的专家,要形成多学科团队协同工作,包括取心、运输、地质、常规岩心分析(RCAL)、特殊岩心分析(SCAL),以及其他相关人员。项目管理的责任是把控时间进度,对比计划与实际工作进度。任何延迟都应给予足够的重视,并通过合适的方式进行弥补。在地质岩心分析中,主要的工作节点是岩相薄片的研究,很多后续的分析都要基于这项工作。薄片研究的平均时间是两人组成的团队每天20块薄片,因此,100块薄片就需要一周时间。不推荐使用两支团队,除非其在之前的研究中证实能够完全契合。如果真的是时间有限,那么可以将工作分为沉积相研究和成岩相研究两个部分。

1.4 取心

取心井段根据研究目标确定,并由取心项目计划团队确认。将井停钻,将钻杆提出井筒,将取心钻头装到钻杆头部,再将钻杆放入井筒。取心钻头由金刚石和钨合金制造。钻头切削岩石,进而岩心通过中空的钻杆进入取心筒中。根据岩石属性确定取心钻头的类型,常规取心系统由内外取心筒组成。外取心筒贴附于钻杆上,取心钻头安装在外取心筒之上。岩心抓钩安装在内取心筒底部,用来固定岩心样品,防止其掉出取心筒。钻井液在内外取心筒之间的环空中循环。常规取心工具的取心直径为5~15cm。每筒岩心长9m,每次下钻取心27m(三筒)。取至地面后,为了方便运输,将岩心切割成1m/段。

盛装岩心的套筒通常由玻璃纤维制成(图1.2a,图1.2b)。玻璃纤维套筒内表面光滑,从而方便岩心进出。而且玻璃纤维化学性质稳定,钻井液对其没有影响。有时也会使用铝制套筒(图1.2c)。玻璃纤维比铝制套筒重量轻,但能够承受的温度(150℃)和压力有限,无法抵抗取心过程中岩心的膨胀(McPhee等,2015)。有些套筒可以延径向打开,从而可以在井场对岩心进行观察。套筒上布置了小孔,可以使钻井液流出套筒,并降低套筒内的压力。每个套筒上绘制了两根不同颜色的径向平行线,可以指示岩心的顶底(图1.2b)。

通常,取心过程中,岩心中的原生流体会与钻井液滤液发生交换,气体会膨胀并溢出岩心,取心过程中,流体会蒸发。如果岩心能够细致地处理并保存,并在合理的时间(6个月以内)进行分析,那么流体的蒸发可以忽略。钻井液的侵入量受很多参数影响,包括岩心的取心方法、孔隙度、渗透率、钻井液和地层流体的黏度、钻井和地层压力的差。水基钻井液还会与黏土矿物反应。而像密闭取心等新的取心系统能够降低流体侵入岩心的量,从而保证油水饱和度的测量更加准确。总之,对岩心流体饱和度进行直接测量,需要对取心条件给予更多的关注。当岩心压力下降时,气体会马上从原油中脱离出来,对于气藏,在分析之前,所有的烃类气体就会溢散出样品,但如果其他条件都保证了,那么含水饱和度还是保持的原始状态。

1.5 岩心保存和运输

在岩心的处理和保存过程中,应尽量减小岩石物质的物理变化。值得注意的是,岩心通常要置于1m长的套筒中,并置于木质盒子中。对岩心进行蜡封是保持岩心原始状态的有效方

图 1.2　玻璃纤维岩心套筒(a,b)和铝制岩心套筒(c)

式,但这种处理通常只在一些敏感的岩心中应用,或是在岩心不能在取心后短时间就进行实验的条件下才应用。比如,某些岩心在井场上进行特殊岩心分析取样,那就需要将其进行高质量地包裹,包括不反应的塑料薄膜、铝箔,并将其置于熔化的蜡中。之后,再在计划开展测试的时候将其从蜡中提取出来。

最好的方式是在取心之后马上开展测试。流体与套筒的反应,以及流体的蒸发都会改变其原始属性。

1.6　获取数据

岩心是储层评价和表征的主要信息来源,其可为不同学科提供的数据主要有以下几个方面。

(1)地质评价方面包括:

① 岩性,岩石的矿物组成及其精确的含量,可用于岩石物理研究;

② 沉积环境,帮助建立储层的几何形状,确定每种沉积相的展布范围,这些沉积环境和沉积微相研究可以确定三维模型中各种相的展布特征;

③ 使用化石记录测定绝对年龄和建立生物地层序列;

④ 应用化石、地球化学标志、沉积地质属性开展区域尺度的对比;

⑤ 成岩作用研究,成岩作用在沉积后对岩石造成影响,很多时候对储层性质具有重要影响;

⑥ 裂缝分析,在岩心上开展裂缝研究会有一定的局限性,但仍会提供很多有价值的信息;

⑦ 通过岩石物理研究,对孔隙进行分类;

⑧ 地球化学研究,有机和无机地球化学可以帮助更有效地、更准确地分析和解释沉积物源和储层成因;

⑨ 地质岩石分类,这是降低储层非均质性的基础。

(2)油藏工程评价包括:

① 确定孔隙度;

② 测量渗透率;

③ 开展储层岩石分类和确定流动单元;

④ 分析油水界面或油气界面;

⑤ 分析流体饱和度;

⑥ 测定声波速度;

⑦ 测定伽马放射性;

⑧ 应用来自岩心的油藏工程数据标定测井曲线(如孔隙度、声波速度、伽马放射性等);

⑨ 确定颗粒密度;

⑩ 分析电相性质;

⑪ 测定润湿性;

⑫ 测定相对渗透率;

⑬ 测定毛细管压力;

⑭ 测定孔隙体积压缩系数。

(3)地质力学属性包括:

① 测定抗压强度;

② 测定杨氏模量;

③ 测定泊松比;

④ 测定硬度。

1.7 常规岩心分析

常规岩心分析(RCAL 或 CCAL)是对柱塞样品的基本物理属性进行测量。这个过程包括测试单一相流体的静态参数。岩心分析通常从测试岩心伽马曲线开始。有时岩心分析计划中还包含全岩心 CT 扫描。全岩心 CT 扫描岩心伽马测试之后进行既可以在岩心伽马测试之前,也可以在扫描之后对岩心进行深度校正、岩心陈列、Dean – Stark 样品选择、含水饱和度测试、岩心清洁、常规样品选择、柱塞样品钻取、索氏萃取、样品干燥、孔渗测试、衬板样品成像,以及树脂浸润。样品的选择和制备步骤,以及 CT 扫描和岩心伽马曲线测试将在第二章中介绍。其余的包括孔渗测试部分将在本章介绍。

孔隙度是岩心中储存流体的空隙部分与样品体积的比值。样品的体积利用阿基米德原理通过汞液测得或是通过几何方法计算得到。汞是非润湿相流体,不会沾湿样品的表面。因此在实验后可以与样品完全分离。使用汞测试样品体积的方法不适用于发育溶孔的样品,因为汞会进入到样品的某些溶孔中。并且,汞具有毒性,因此推荐使用几何方法进行计算。柱塞样品的直径和高度可以进行三点或五点测量,然后取平均值来计算样品的体积。孔隙体积的测定通常使用孔隙度测定仪,基于波意耳定律计算。标准的孔率仪由基准室、样品室,以及管线组成。有两个压力计测量不同阶段的压力值(图1.3)。孔隙体积的测量按照如下步骤进行。

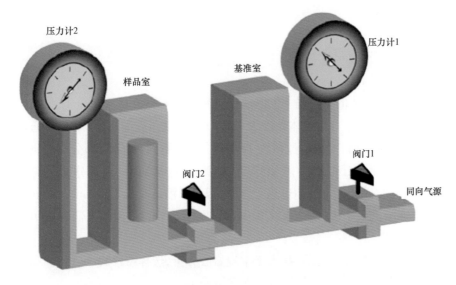

图1.3　孔隙度测定仪示意图

(1)将氦气从储气罐注入已知体积的基准室内(V_1)。将阀门1打开,阀门2关闭,此时气体充满基准室和连接管线。然后将气源与基准室分离。记录压力计1的读数p_1。此时气体的体积为V_1。因为基准室和连接管线的体积已知,因此V_1是已知量。

(2)打开阀门2,此时气体从基准室膨胀到样品室,气体占据的体积为舱室加管线的体积减去样品岩石骨架的体积。记录压力计2的读数p_2。

按照波意耳定律:

$$p_1 V_1 = p_2 V_2 \tag{1.1}$$

这意味着,初始压力乘以初始体积等于二次压力乘以舱室和管线的总体积再减去样品岩石骨架占据的体积(V_g)。已知舱室和管线的总体积,岩石骨架体积V_g可以计算得到。岩石样品的总体积为V_b,因此可求出岩石孔隙体积V_p:

$$V_p = V_b - V_g \tag{1.2}$$

如果V_p已知,那么孔隙度ϕ就是:

$$\phi = V_p / V_b \tag{1.3}$$

通过岩心柱塞的质量除以岩石骨架的体积,可以得到岩石骨架的密度。岩石骨架的密度可以帮助定位岩心、标定测井曲线。需要注意的是,使用体积密度测井时,孔隙的影响也包含在测井响应中,而使用光电截面指数测井时,则只有岩石骨架对测井响应有作用。

渗透率是孔隙性岩石允许流体通过的能力。在常规岩心分析中只确定岩石的绝对渗透率(单相流体的渗透率),按照达西公式(式1.4)进行计算。

$$K = QL\mu / (A\Delta p) \tag{1.4}$$

式中　K——渗透率，D；

　　　Q——体积流量，cm^3/s；

　　　L——长度，cm；

　　　μ——黏度，$mPa \cdot s$；

　　　A——流动截面积，cm^2；

　　　Δp——流动压差，Pa。

国际单位制中，渗透率的单位是 m^2，但油藏研究中更多使用 D。

岩石渗透率为 1D，意味着当流体黏度为 $1mPa \cdot s$，流动压差为 $9.8 \times 10^4 Pa$，通过截面积为 $1cm^2$，长度为 1cm 的岩样时，对应的流量为 $1cm^3/s$。可以看到，对于大部分储层，1D 都是非常高的渗透率水平。因此在石油工业中，更广泛应用的单位是 mD。大部分储层的渗透率范围在 0.1~100mD。有时渗透率也会超过这个水平，但如果渗透率低于 0.1mD 时，油井通常不能达到经济产量。对于气藏来说，渗透率在 0.01mD 以上仍然可行，但如果低于 0.01mD，也很难实现生产目标。

到选择特殊岩心分析样品之前，都属于常规岩心分析，选择特殊岩心分析样品需要基于地质研究和常规岩心分析及岩石分类结果(详见第 6 章)。

1.8　特殊岩心分析

特殊岩心分析是对岩心柱塞的高级测试，主要反映多相流体的流动和流体连通性。实验价格昂贵，耗时长，通常需要数周甚至数月时间，因此实验样品需要仔细选取，从而获得最有价值的数据。最好的方式是在地质研究和常规岩心分析之后进行选样和测量。SCAL 样品的基本单位是岩石类型(见第 6 章)。所有样品都应进行 CT 扫描，从而确定柱塞样品中的损伤、裂缝、缝合线，或是其他流动障碍。主要的 SCAL 实验包括但不限于下列内容：

(1)压汞测试(MIPC)；

(2)两相或三相流体的相渗测试；

(3)润湿性；

(4)油藏条件的岩石物理属性；

(5)提高采收率(IOR，EOR)研究；

(6)确定阿尔奇指数，即 a, m, n；

(7)NMR 岩心分析；

(8)孔隙体积压缩性；

(9)地层伤害指数。

1.9　测井曲线评价

电缆测井是油藏研究中最常用的资料。大部分的井中、大部分的储层段都有测井数据。将岩心数据扩展到三维井间需要基于曲线的井间对比。有很多不同类型的测井曲线，但常规测井曲线通常包括自然伽马(GR)、中子孔隙度(NPHI)、体积密度(RHOB)、电阻率(R)、声波速度(DT)。数据按照 LAS 格式记录,该格式通过 ASCII 码记录数据。标准的深度间隔是0.1524m 或 15cm。由于岩心柱塞的长度通常为 30cm,岩心数据和测井数据的深度通常不能完全对应。这一点在对比两种数据时要充分考虑,大部分时候通过粗化数据来解决这个问题。将测井数据和岩心数据按照深度绘制在测井图上,并进行对比,通常软件会基于各自数据做插值处理,并绘制出各自的变化曲线。

在岩心数据分析之前对测井数据进行分析是非常有益的。测井数据分析包括概率性和确定性两种分析方法(Kennedy,2015)。其中概率性方法会使用所有数据,并计算每个变量对最终结果的影响(故计算量很大)。因此更常用的是确定性方法。在没有岩心分析结果之前,测井分析结果能够帮助了解岩心和流体的性质(图1.4)。多数时候,储层段的曲线响应很明显,并可以确定流体界面,以及预测岩心的属性。定义储层的电相,并将其与最终的岩石类型对应起来,是油藏研究的重要工作(见第6章)。

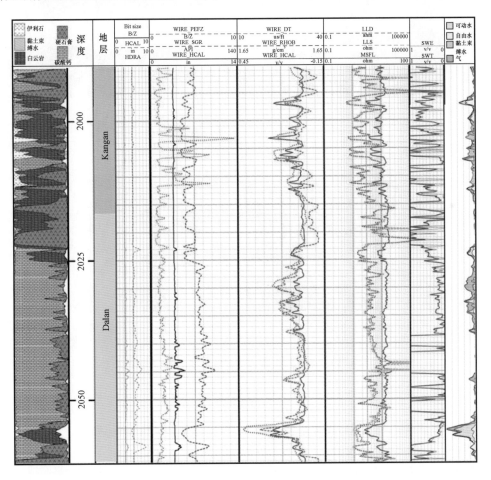

图1.4　测井曲线分析实例,实例来自于波斯湾一套二叠系—三叠系的气藏(Kangan 和 Dalan 地层)。岩性、孔隙度、饱和度都是在岩心打开之前进行测试的(引自 M. Nazemi)

1.10 岩心保存

完成所有分析之后,岩心还需回收保存。岩心对环境温度和湿度不敏感。在储存之前,岩心中的流体就已蒸发或被清洗了。对岩心的保存没有严苛的条件限制,这与全新世的岩心不同,存储条件对全新世的岩心有重要影响。本书中讨论的岩心,储存的重点是防止其发霉和物理损坏,因此岩心的储存要容易且便于查找。许多岩心库都有自动的岩心查找和搬运系统。此外还需要一个合适的岩心观察和描述工作平台。岩心要便于未来开展进一步的工作,这就需要坚固、安全的货架用于存放。与其他存储一样,健康和安全问题都需要考虑。

岩心分析伴生的柱塞、切割碎片、薄片也要在实验之后收集并保存。因此,岩心的存储还需要合适的空间用以放置柱塞、碎片、薄片,以及岩屑等(图1.5)。

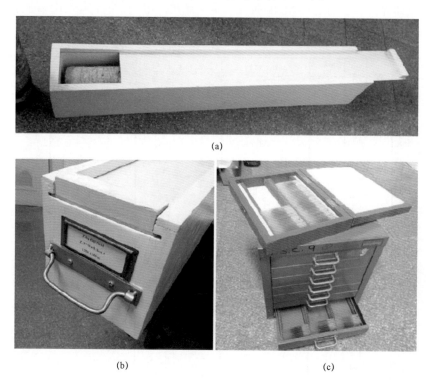

(a)

(b)   (c)

图1.5 岩心存储(a,b)和薄片存储盒(c)

参 考 文 献

Anderson G(1975)Coring and core analysis handbook. Petroleum Publication Company,USA.

Kennedy M(2015)Practical petrophysics. Elsevier,Netherlands.

McPhee C,Reed J,Zubizarreta I(2015)Core analysis:a best practice guide. Elsevier,United Kingdom.

Tiab D,Donaldson E C(2015)Petrophysics theory and practice of measuring reservoir rock and fluid transport properties. Gulf Professional Publishing,USA.

第 2 章　分析的准备工作

常规岩心分析首先从地质薄片开始,包含测试岩心伽马,对岩心做深度校正,开展 CT 扫描,确定岩心的流体饱和度,对岩心进行标记,柱塞取样,并对柱塞样进行修剪。测试岩心自然伽马的目的是进行深度校正。开展岩心和测井曲线的对比和校正非常重要。同时,不同的测井系列也要进行深度比照。接下来,要对岩心进行 CT 扫描,从而形成裂缝的模拟图像,同时 CT 图像还可以用来评价某些岩石物理参数。还需要测量柱塞样品的含水饱和度,但需要注意的是,使用水基钻井液钻井时,样品的含水饱和度会与原始条件不同。在进行岩心宏观描述和标记之前,要对岩心进行清洁。通常,每一米岩心上要取三个水平样和一个垂直样。这要根据项目的目的和测试的数目适当调整。通常使用 Soxhlet 抽提方法来清洁岩心,并对柱塞两侧进行修整。如果岩心包含稠油,也要对其进行修整。这些修整通常在制备薄片和开始地质研究之前。有时,某些特殊情况,岩心通过井壁取心方法获取,但在井壁取心之后,其他的处理流程与常规取心一致。

2.1　岩心伽马

钻井是一项多学科集成的工作,每个部分都使用其自身设备测量深度。由于使用不同的设备,导致一口井内的某个点,深度值各不相同。比如,测井的井底深度是 2010m,而钻井的井底深度是 2011m。由于所有的储层研究成果最终都要集成到一起,因此对于所有的点都要有相同的深度。比如,在地质模型中,一个网格具有唯一的孔隙度值,这个值就集成了测井和岩心数据。这对于薄油层更加重要,比如波斯湾的 Kazhdumi(对应于 Nahr Umr)砂岩层,要保证一口井中的所有数据都能吻合,就需要一个参考深度,然后将所有其他信息校正到这个深度上,通常这个深度就是自然伽马测井的深度。几乎所有的井下工具都会测试地层的自然伽马。储层的自然伽马放射性是钍、铀、钾同位素衰变的结果。这些放射性通过一个探测器测量,并按照 API 单位进行计量。

从纯砂岩到泥质砂岩,对应 API 的变化范围为 0~200。在打开岩心之前先要测量 GR 的强度。岩心伽马测试的主要部分包括探测器和传送带,两部分安装在基座上(图 2.1),在工作之前先要校准。研究中还会用到标准放射强度的钍、铀、钾容器。由于岩心是每根一米送至实验室的,在测试前,要将其按照深度排列。启动设备后,探测器会探测背景放射性,之后再将样品推入探测器,探测器基于不同元素的能量强度分别探测钍、铀、钾的放射性。每种元素的量及总的 GR 强度按照深度序列记录在计算机中。大部分岩心的 GR 曲线记录的是每秒的放射粒子数,放射粒子数与岩心的自然伽马强度成正比。总的 GR 数取决于放射性元素的浓度、被扫描岩石的体积、放射源与探测器的距离,以及岩石的密度(Ellis 等,2007)。电缆 GR 曲线的探测深度约25cm(Kennedy,2015),也就是探测器在井筒内探测的是一个半径为25cm的球体,但因岩心GR曲线探测的体积较小,进而导致GR的量较小。忽略层内的非均质性,相同岩石的电缆GR测井和岩心GR曲线会具有相同的变化趋势。其他影响伽马射线计数的因素还包括储层和环境的条件,如流体、钻井液侵入等。

图2.1 岩心GR测试仪和传送带上的1m岩心

通常,岩心GR曲线与电缆GR测井之间存在线性关系,通过线性回归可以将岩心GR转变为电缆GR测井,这些变化包括横向平移和对数标准化。通常不需要进行横向平移,大部分时候都只是对比岩心GR曲线和电缆GR测井之间变化趋势的关系,然后对其进行深度校正。因此,只有在应用两种测试结果计算岩石物理属性时才需进行横向平移。

由于两种测试方法具有不同的测试条件(包括岩石体积、钻井液滤液、地层压力、地层温度、岩心GR曲线与电缆GR测井具有不同的放射性,事实上,即使同一口井的不同测井轮次也是不同的),因此,对应的数值也不完全相同。图2.2展示了同一岩心重复三次岩心GR曲线测试的结果与电缆GR测井的对比,可以看出,其趋势是一致的,但绝对数值不同。

2.2 岩心深度校正

测试了岩心的GR曲线后,将岩心GR曲线与电缆GR测井并列在一起,然后逐块岩心进行深度校正。每个元素的伽马值和整体的伽马值都要考虑。大部分时候,GR测井计量的都是所有元素的放射性。测井曲线通常包含所有井段或是至少在储层段都会进行测试,但取心只会在储层段,并且有些时候还是不连续的。因此,通常将电缆 GR 测井的深度作为参考深度,通过主要波峰和波谷的对比进行精细深度校正。岩心 GR 曲线与电缆 GR 测井的深度可能不会完全相同,但通常差异不大(图 2.2)。在深度校正过程中,关键层段如薄层的泥岩需要格外留意(图 2.3)。当移动其中一点时,其他点也应随之移动。当第一个点移动到正确的位置后,其他点通常也会随之移动到对应的位置,但还需进行细微调整,直到大部分的点都精确了为止。这项工作非常耗时,可能需要多轮次的修正,但却是非常必要的工作。

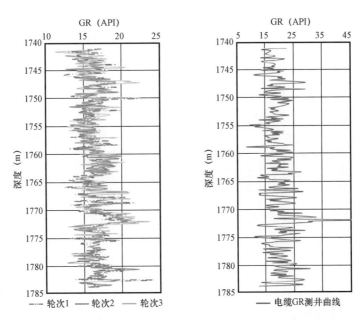

图 2.2　一块海湾盆地二叠系碳酸盐岩岩心的 3 条 GR 测井曲线及其相应的电缆 GR 测井曲线

2.3　岩心 CT 扫描

在岩心 GR 曲线测试前,通常要对整个岩心进行 CT 扫描。准备做 SCAL 测试和岩石力学测试(检查裂缝)的样品,也要进行 CT 扫描。专门针对岩心的扫描可用于很多领域,其中就包括医学领域。在 CT 扫描过程中,使用 X 射线对多个岩石横截面进行扫描,扫描横截面的数量取决于设备的分辨率、研究的目的,以及项目的预算,但其数量总是远高于肉眼可识别的数量。CT 扫描的图像表现为从纯白到纯黑的灰度谱。密度大的物质吸收更多的 X 射线,从而表现为白色。孔隙空间由于其中流体不同,变现为黑色或是灰色。需要注意的是,气体在打开岩心之前就已溢散走了。胶结物充填的区域由于其密度比基质大,通常为亮色(如硬石膏胶结物)。裂缝中如果充满了流体则表现为黑色,如果成岩过程中被胶结物充填,则表现为白色。这些扫描图像还可用于评价岩心的非均质性。使用专门的软件还可以将这些切片进行整合,形成一幅岩心的三维图片。对岩心进行 CT 扫描的目的是为了在将岩心打开之前了解其裂缝的发育情况(图 2.4)。

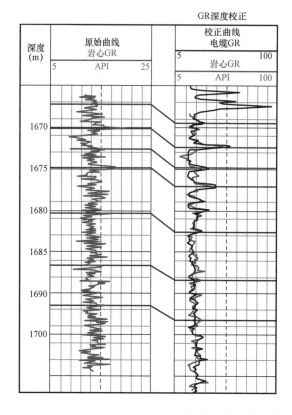

原始深度（m）	偏移深度（m）	偏移量（m）
1667.2	1669.4	2.2
1670.12	1672.23	2.11
1672.6	1674.93	2.33
1674.94	1677.14	2.2
1680.3	1682.55	2.25
1686.82	1688.4	1.58
1691.45	1693.1	1.65

图 2.3　GR 测井曲线的深度校正及其校正表

目前,还可以使用高分辨率 CT 图像计算样品的岩石物理特征。这些图像形成了新的分析方法的基础,称为数字岩石物理。

2.4　岩心打开和陈列

在岩心 GR 测试和 CT 扫描之后,移走套筒的盖子,并将岩心移出套筒。套筒的盖子由塑料制成,并通过不锈钢圈固定在套筒的两端(图 2.5a)。通常,将套筒适当倾斜,从而使岩心易于从套筒中取出,同时,可以使用塑料锤敲击套筒,帮助岩心滑出,但用力要适中。如果岩心不能滑出,就需要使用固定式或便携式电锯把套筒锯开。打开 1m 的岩心后,马上开展 Dean - Stark 取样,并保存以备后续的饱和度测量(详见 2.5 部分)。取样之后,将岩心陈列在桌面上,这些桌面上有沟槽将岩心固定,从而防止其滚动,沟槽的直径与岩心一致,为上半部开口的半圆筒,可以防止岩心受损(图 2.5b)。打开岩心后,使用记号笔在岩心上绘制两条不同颜色的沿岩心径向的直线,用以标记岩心的顶底和方向(图 2.5c)。

2.5　Dean - Stark 分离

Dean - Stark 萃取是对样品含水饱和度的第一轮评价。将岩心从套筒中通过油基润滑流

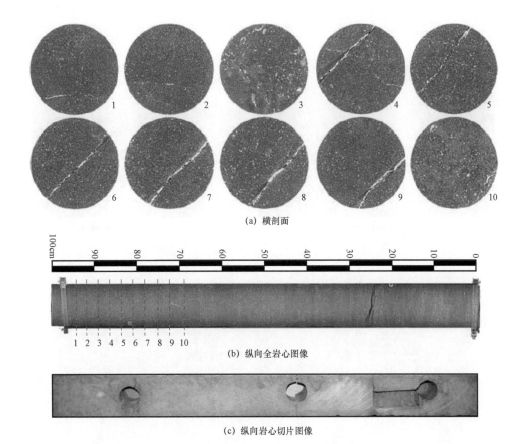

(a) 横剖面

(b) 纵向全岩心图像

(c) 纵向岩心切片图像

图2.4　硬石膏充填裂缝的CT扫描图像

体取出后,从岩心中钻取柱塞样品,然后将其置于萃取系统中(图2.6)。通过加热溶剂(通常是甲苯),使其沸腾,从而使样品中的水蒸发出来。在分级管中,依靠溶剂与水的密度差将其分离。水的密度较大,可在容器的底部取出,溶剂浮在上部,从而流回到烧瓶中。重复这个过程,直到没有更多的水产出为止。这个过程可能需要两天时间,主要取决于岩心的孔隙度、渗透率,以及油气的黏度。然后记录水的体积。使用Soxhlet抽提法将岩心洗净,再使用孔隙度测定仪测量其孔隙度(详见1.7部分)。在测试之后,用水的体积除以孔隙体积来计算样品的含水饱和度。需要指出的是,使用水基钻井液时,钻井液滤液会进入岩心中,因此该方法更适用于油基钻井液取心的情况。

2.6　岩心清洗

打开岩心并完成Dean-Stark处理之后,岩心就清洁完毕了。这一部分所说的岩心清洁与Soxhlet抽提不同,如果岩心中没有黏土或岩盐等水敏的矿物质,那么就可以用水清洗。如果有水敏矿物,那就只能使用尼龙刷清洗。对于未胶结的样品要跳过这个步骤,因其清洗过程中会发生破碎。这种清洁也不适用于含油岩石,尤其是包含重质油的岩石。这个过程只是将

(a) 打开岩心筒盖

(c) 在岩心上绘制两条平行线

(b) 在桌面上陈列岩心

图 2.5　岩心的陈列过程

岩石表面的残余钻井液清除(图 2.7)。在岩心清洁之后,要进行初步的岩心描述和裂缝分析。清洁后的岩心还要进行标记,有些需要开展地球化学等敏感性测试的岩心段,还要用尼龙或是铝箔进行覆盖(图 2.7)。

2.7　标记

　　岩心清洁之后,就会标记柱塞样品的取样位置。在标记之前,要进行电缆测井评价,因为大部分时候,取样的位置都取决于储层的属性。通常,取样频率为每米三块水平样品和一块垂直样品。一般情况下,水平样品每米都会进行取样,但对于垂直样品的取样位置并没有严格的规定。最好是能在有水平断裂发育的位置钻取垂直样品,而在其他位置,就不必再进行额外的切割了。每一块柱塞样都要用记号笔标记上特殊的符号(图 2.8a)。如果还需额外进行岩石力学实验或是特殊测试,那就还需用不同的符号和颜色进行标记。项目组中的地质学家、油藏工程师、岩石物理学家,以及实验操作员都要对岩心的标记过程进行监督。

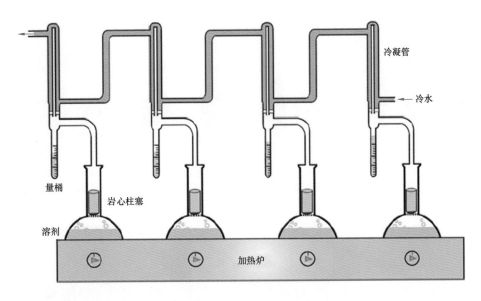

图 2.6　Dean – Stark 含水饱和度测量设备

图 2.7　岩心的清洗过程,固结岩心使用水和尼龙刷清洗,部分用于敏感性测试的
岩心需要包装起来(图中"T"标识的位置)

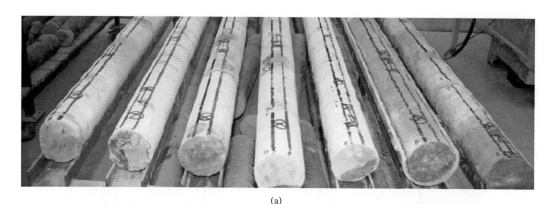

(a)

(b)

图 2.8　岩心的标记(a)和柱塞取样(b)

　　决定取心位置的关键因素是如何定义储层和非储层,以及岩石的非均质性。有时会忽略非储层段,从而降低非储层段的取样频率,但要注意,这些非储层可能会在后续的研究中发生变化。由于许多专家都应用数值模拟,忽略非储层部分会导致对储层动态的错误理解。如果团队忽略 2m 厚的硬石膏层,那么这些层就需要在模型中给予考虑,在泥岩层中也是一样。通常,由于泥岩容易破碎,因此不会在泥岩段钻取柱塞样品。但这样的层在油藏动态和储存分区中发挥了重要作用。在岩心描述中,所有的宏观属性都应该记录下来,从而与大尺度的油藏研究集成到一起。

　　另一个取样的重点位置是在界面附近。油藏研究中,通常对油水界面或气水界面之下的样品没有兴趣。在接触面之下,含水饱和度 S_w 是 1,因此没有油气的流动。因此,柱塞样的取样频率也会降低,比如每米取一块样品。

2.8　柱塞取样和打磨

取心井通常为直井,水平柱塞取样会垂直于取心方向,那么,对应到实际油藏中,这个柱塞样品就是水平方向的。垂向的样品常平行于取心方向(图2.8b)。而在大斜度井中,水平取样是垂直于地层的。在均质储层中,孔隙度是一个标量,没有方向性。相对地,渗透率是一个矢量,其方向取决于流动方向。岩石的绝对渗透率也是一个矢量,与流体属性无关,其是在单相流体饱和度为100%时测得的渗透率。因此,柱塞的方向对孔隙度和地质属性没有影响,但不同的方向具有不同的渗透率。通常,水平渗透率比垂直渗透率高,因为岩心颗粒的沉积方向总是垂直于其最大的沉降面。所有的柱塞取样方法都是一样的,只有 Dean – Stark 取样使用的是油基冷却液。柱塞的直径为 2.5～5cm,长度为 5～10cm。柱塞样品的取样顺序要考虑工作任务的优先级,也就是最重要任务的样品要最先取样,比如,如果岩石应力对储层最重要,那就只取岩石应力分析的样品,在取得样品之后,再进行常规孔渗的取样。如果需要对相同的样品进行不同的测试,那么对应的成对取样就要尽量靠近(比如负压实验和相渗实验)。取柱塞样品时需要使用冷却液,通常是水,但如果岩石中有水敏性矿物,那就要使用油基冷却液。

进行柱塞取样之后,就可以获得圆柱形的顶底较粗糙的样品了。在打磨过程中,要对柱塞样品的上下面进行切割(图2.9)。切割下来的薄片还要装袋,并标明样品信息,以备制备薄片。如果还需要更多的薄片,那么可能还会对柱塞做进一步切割。比如对于含油层段,尤其是稠油储层,还要对切割下来的薄片进行 Soxhlet 抽提。这个清洗过程与柱塞样品的清洗过程一样。

图2.9　用于岩石物理和储层测试的柱塞,以及用于薄片准备和地质研究的切割

2.9 Soxhlet 抽提

　　Soxhlet 抽提(索氏抽提)是岩心分析中清洁岩心的方法(图 2.10)。柱塞中包含油气和地层水,所有这些成分都应在孔渗等分析之前清洗干净。从柱塞上切割下来的薄片如果含有原油,尤其是含有重油的时候,也要进行清洗。索氏抽提的装置包括一个加热设备、盛有溶剂(甲醇或是甲苯)的烧杯、侧臂、虹吸管、样品室,以及冷凝系统。通过蒸馏的液体来溶解柱塞中的油气物质。持续进行蒸馏,直至溶剂达到虹吸点。此时,来自样品室的包含有溶剂、原油,以及地层水中的盐分的流体会流回到烧杯中。通过该方法,在每次溶剂的循环过程中,蒸馏液体都与柱塞样品接触。清洁的时间取决于岩心样品的属性(比如孔隙度和渗透率),以及原油的黏度。对于稠油储层,这个过程可能会花费约一个月的时间。样品可以使用紫外光来判断是否还含有油气。使用甲苯清洁之后,继续使用甲醇清洁样品,从而进一步将其中的盐类物质清洗出去。之后,使用烤箱将岩心蒸干。得到的柱塞样品就可以用于常规岩心分析(RCAL),而切割下来的薄片就可以用于制备薄片了。如之前提到的,对于气藏的样品,无须进行清洁处理。除此之外,还有其他一些柱塞清洁的方法(参见 McPhee 等,2015)。

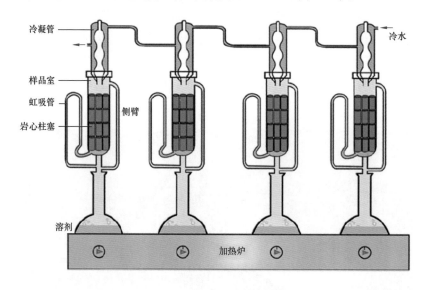

图 2.10　索氏抽提装置示意图

2.10 井壁取心

　　井壁取心与常规取心不同,更像是从井壁钻取一块柱塞样品。使用电缆将一个敲击工具或旋转取心工具下入目标井段。如果是敲击方法,那就将一个中空的、边缘尖锐的取心管配合使用炸药射入井壁,进而从地层中获取一块圆柱形样品。该方法不适用于如致密石灰岩一类的致密胶结碳酸盐岩地层。射入过程中的高压会改变未胶结地层的结构,或是在坚硬样品中形成裂缝。因此,目前敲击方法已基本被钻入方法所取代了。在钻入方法中,将一个中空的圆管钻入地层。在圆筒头部,会安装一个钻头来切割并收集样品。然后,将工具带至地面。每次下井采集的样品数量取决于工具的类型,通常为 20~60 块样品。取样间隔可依据工程需要调整。较老的井壁取心样品比标准的常规岩心分析样品的尺寸小,但目前,不同的公司之间已经将样品的尺寸进行了统一。但无论使用敲击方法或是旋转方法,都会导致井壁取心样品的变形。

　　通常,在岩心收获率较低的情况下,或是已经有了足够数据的情况下,使用井壁取心。对于后一种情况,只是要对某些特殊层段进行一些特殊的必要测试。比如,通过前期的取心和测井数据,已经了解了储层的绝大部分情况,只是在一口新井中发现了一段异常的钻井液漏失,那么就可以在这口新井中进行井壁取心。井壁取心也适用于疏松砂岩等软地层的情况。

　　井壁取心比常规取心价格低廉,且速度快,但也有很多不足。首先,不能对储层段进行完全取心。这是一个很重要的问题,因为很多流体的流动特征都受到储层中一些特殊层段的影响。钻井中使用的钻井液压力和滤液侵入都会改变样品的原始属性。同时,井壁取心的样品不适用于储层力学测试。这些样品也无法进行孔渗测试。在取心过程中,样品中的流体成分也会发生变化。但即便如此,这些样品还是对地质研究具有重要价值。

参 考 文 献

Ellis D,Singer J M(2007)Well logging for earth scientists. Springer,Amsterdam.

Kennedy M(2015)Practical petrophysics. Elsevier,Amsterdam.

McPhee C,Reed J,Zubizarreta I(2015)Core analysis:a best practice guide. Elsevier,United Kingdom.

第3章 微观研究

　　微观观察是地质研究的一项主要的信息来源。在有限的宏观样品条件下完成岩心分析非常重要。岩心样品的常规宏观分析包括岩相分析(了解沉积相属性和成岩过程)、古生物研究(了解储层的绝对年龄)、X射线衍射(确定矿物类型,尤其是黏土矿物类型)、扫描电镜配合能谱分析(确定孔隙、吼道、矿物类型,并进行元素分析)。储层的静态属性完全取决于沉积相和成岩作用。岩石的矿物类型、成分、沉积环境、微观孔隙、胶结物、压实特征,以及很多其他参数都可以通过偏光显微镜观察得到。这些信息都要记录到规范的表格中,并与其他来自常规或特殊岩心分析得到的岩石属性进行对比。古生物分析用于确定地层的绝对年龄,并进行地层对比,从而建立等时地层格架。这些格架可以与其他宏观和微观地质数据相结合,从而提供储层的分区方案,确定储层的几何形态。细粒矿物,尤其是黏土,通常使用X射线确定。这些细粒矿物在储层中具有重要作用,甚至会影响油田的钻井过程。储层的孔隙类型和吼道决定了流体流动属性,以及储层的岩石类型,其对储层的非均质性具有重要影响。最终,要将这些结果与其他地质认识相结合,从而确定储层属性的微观和宏观展布特征。

3.1　薄片准备

　　岩相是所有地质岩心分析工作的基础。在从柱塞样品中切割下来薄片后,将薄片用于制备显微薄片。如果切片中有油气沾染,尤其是有重质油沾染的情况下,还需要对切片进行清洗。切片与柱塞样品一样,使用索氏抽提系统进行清洗。但不必从切片中移除盐分,而在显微薄片的制备过程中将盐分移除。需要指出的是,薄片也可以通过岩心的任意部分进行制备,只要体积够大就可以了。切片至少有一个平面可以通过环氧树脂贴附于载玻片上。如果样品不是来自切片,那么可能就没有平整和光滑的表面,此时就需要对其进行切削和打磨。在放置样品前,需要将载玻片打磨,形成粗糙面,从而使薄片贴合更紧密。其他面使用金刚石锯进行打磨(图3.1a,图3.1b),对剩余部分继续研磨,直至达到合适的厚度。这一步很关键,且极容易在这一步损伤样品,因此需要缓慢并小心处理。需要对样品进行反复检查,直至光线可以透过样品为止,这需要大量的经验。大部分的样品都是由碳酸盐岩或是硅质碎屑岩矿物组成的。当样品泥质含量很高,或是由硅质碎屑和碳酸盐岩矿物混积组成时,磨制过程中的检查工作尤其重要,因为这些样品更易受损。磨制过程首先使用400目的碳化硅转盘磨(图3.1c),再在玻璃板上使用600目的碳化硅粉末磨制(图3.1d),最后透明阶段,使用1000目的碳化硅进行磨制。薄片的尺寸通常为25mm×45mm,有时也需要制备更大尺寸的样品。通常,还会使用另一块玻璃(盖玻片)覆盖在样品表面(图3.1e,f),并使用环氧树脂进行黏合。薄片的厚度约

$30\mu m(0.03mm)$，光线可透过样品。每种矿物在正常光和正交偏光下都具有特殊的性质，所有观察到的参数都应留下记录。

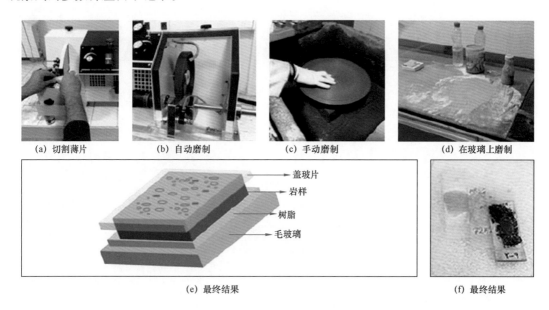

(a) 切割薄片   (b) 自动磨制   (c) 手动磨制   (d) 在玻璃上磨制

盖玻片
岩样
树脂
毛玻璃

(e) 最终结果   (f) 最终结果

图 3.1   薄片制备过程示意图（引自 A. Rezazadeh）

矿物染色可以快速、准确地定义一些常规矿物类型。扫描电镜和阴极发光等新技术可以比染色更加准确地展示这些信息，但相对于染色方法更加昂贵，因此，染色方法仍在广泛使用。对于不同的矿物，有不同的染色技术，碳酸盐岩的染色是为了将方解石或文石与白云岩区分开来。矿物染色方法已有很长的历史，对于碳酸盐岩，最常用的方法是使用含有茜素红或是铁氰化钾，抑或是二者混合的盐酸溶液对其染色（ARS）。茜素红是一种从植物根系中提炼的化合物，能够将与盐酸反应的碳酸盐岩染成红色。方解石和文石会被染色，而白云石和其他矿物不会被染色。反应的时间很短，通常为 $10s \sim 3min$，这取决于酸的浓度和样品与酸的反应速率。大部分文献中，推荐使用 $8 \sim 10cm^3$ 的 HCl 与 $100cm^3$ 的蒸馏水配比（Friedman，1959；Dickson，1965），盐酸处于室温条件。

铁氰化钾（PF）常被用于区分含低价铁的铁方解石和白云石，反应中会形成灰白到翠蓝色。菱锰矿会被染成浅棕色。显色时间取决于碳酸盐岩与酸溶液的反应时间。白云石反应的强度远小于方解石，染色的浓度也与矿物中的铁含量无关，在纯方解石中，铁质的含量与染色的浓度没有线性关系（Reeder，1983）。

每种方法中都会使用盐酸，因此样品都会与溶液发生反应。最终的薄片厚度会比初始情况下变薄。ARS 和 FP 方法都可用于碳酸盐岩的染色，更好的方式是使用两种溶剂的混合物进行染色（图 3.2）。

3.2   定量碳酸盐岩岩相

岩相是通过薄片的显微研究得到的对岩石的描述，该工作是岩石地质描述的基础。因此

碳酸盐岩				染色		
				ARS	PF	ARS+PF
六边晶系		方解石	$CaCO_3$	粉红色—橘黄色	无色	粉红色—橘黄色
		铁方解石	$(Ca,Fe)CO_3$	粉红色—橘黄色	蓝绿色	浅紫色／紫色／蓝色
		白云石	$Ca Mg(CO_3)_2$	无色	无色	无色
		铁白云石	$Ca (Mg,Fe)(CO_3)_2$	浅紫色	蓝色—蓝绿色	蓝绿色—绿色
		菱铁矿	$FeCO_3$	无色	无色	无色
		菱镁矿	$MgCO_3$	无色	无色	无色
		菱锰矿	$MnCO_3$	无色	浅棕色	浅棕色
斜方晶系		霰石	$CaCO_3$	浅粉色—橘黄色	无色	浅粉色—橘黄色
		毒重石	$BaCO_3$	红色	无色	红色
		白铅矿	$PbCO_3$	浅紫色	无色	浅紫色

图 3.2　碳酸盐岩矿物的染色特征(ARS,PF,及其综合应用)引自 Friedman(1959)和 Dickson(1965))

该项工作需要非常仔细,并需要经过训练。研究人员的经验非常重要,尤其是针对复杂结构,以及成岩作用叠加的情况,需通过肉眼对岩石组分进行估计。在一个高质量的薄片中,相关的参数很容易识别。在稠油储层的研究中,如果制备薄片时,原油没有清洗干净,那就需要对切片进行索氏抽提,然后在薄片上加上盖玻片。地质研究中,所有的参数都应进行比对,从而了解和解释储层属性的时空变化。为了重建这样的分布,需要尽量对描述的结果进行定量,将定性的描述转变为定量的参数。比如,内碎屑出现的频率定性地表述为不发育、少见、常见、丰富,以及极丰富等,要将其转化为从 0~4 的定量描述。因为这并不是岩石中内碎屑的精确含量,因此将其表述为半定量描述更加准确。可以将这个数值的分布特征绘制在沉积曲线上,从而与孔隙度和渗透率的分布进行对比。使用数值进行记录可以更方便地与其他数据进行对比。绘制一张表格,其中包含相关数据道,对应沉积相和成岩作用两个部分(图 3.3)。在不同的项目中,参数可能会有微小的变化,但主要的信息是不变的,常用的参数包括以下几点。

(1)样品的一般信息。这些信息包括样品在数据库中的行号、岩心序号、岩心盒号、柱塞序号(如果薄片取自柱塞样品),以及样品的深度。

(2)岩性。通常,大部分的样品都是碳酸盐岩,但也会有其他组分存在,常见的是石英和黏土。硬石膏是碳酸盐岩蒸发环境中的伴生矿物。通常使用缩写来标记这些岩性(如,L 表示灰岩,D 表示白云岩,A 表示硬石膏等)。不同的碳酸盐岩矿物的含量也很重要,方解石和白云石是最主要的矿物,但有时也可见菱铁矿。最好是分别评估每种矿物的比例,通常在这个阶段要使用目测比例图(图 3.4)。大部分时候,岩性决定了油藏的属性。岩性是影响润湿性的参数之一,很多时候,每种矿物的比例也在一定程度上影响了储层的孔渗特征(如方解石和白云石)。

(3)异化粒。异化粒组成了由颗粒支撑的碳酸盐岩的骨架。在一些泥质支撑的样品中也

样品号				深度(m)	岩性(%)						异化粒(%)							沉积特征(0~4)						沉积相		环境
样品号	岩心序号	岩心盒序号	柱塞样品序号	深度(m)	主要岩性	方解石	白云石	硬石膏	黏土	石英	细小生物碎屑<砂岩粒径	大型生物碎屑	鲕粒	球粒	内碎屑	似核形石	异化粒总量	生物扰动	不透明矿物	薄互层	泥裂	破碎角砾	窗格结构	相名称	相代码	沉积环境

孔隙度(%)								裂缝(0~4)			胶结作用(0~4)				压实作用(0~4)				白云石化作用(0~4)				
粒间孔	粒内孔	铸模孔	晶间孔	溶蚀孔洞	窗格结构	裂缝	总孔隙度	充填裂缝	开启裂缝	裂缝充填矿物类型	等厚的	块状的	硬石膏	叶片状	缝合线	溶蚀缝	物理压实	压实率	平坦的	非平坦的	镶嵌状	白云石	白云石化比例

其他特征				样品选择				RCAL数据			RT	备注
新生变形作用	泥晶化	泥晶套	硬石膏	XRD	SEM	蓝色染色	地球化学	孔隙度(%)	渗透率(mD)	颗粒密度(g/cm³)		

图 3.3　碳酸盐岩岩心描述定量图表(参数可根据项目需求进行调整)

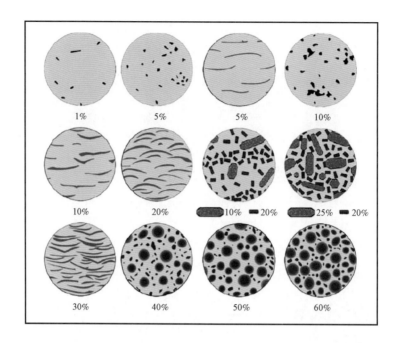

图 3.4　镜下评估岩石组分比例的参照图(引自 Bebou 和 Loucks(1984),

以及 Scholle 和 Ulmer – Scholle(2006))

会偶见异化粒。常见的异化粒包括生物碎屑、鲕粒、内碎屑、球粒、似球粒、似核形石等。每一种异化粒都指示了一种特殊的环境条件。相的划分通常要基于反应沉积能量的泥晶灰岩的频率,以及异化粒的含量。对薄片中组分定量的方法之一是按点计数。点计数器被安置在显微镜旁,岩石物理学家每拨动一次按钮,则薄片按照统一的步长沿着某一直线运动一个步长。在开始计数之前,将所有按钮都提起(图 3.5)。当载玻片移至运动线的末端时,操作员再将其挪动至另一条运动线的起始位置。计数器记录所有按下的按钮数。结合总点数,就可以计算每种组分的比例了。通常需要记录 300 ~ 500 个点。现在还有特殊的软件,可基于薄片图像进行统计。所有的过程都一致,但基于图像的计算机软件仍有局限性,比如无法转动载玻片来观察矿物的正交偏光属性。但其仍有很多优点,比如可以自动计算并快速成图。通过点技术得到的结果,在油藏研究中已足够精确,可用于与其他油藏参数进行对比。

(4)沉积特征。很多沉积特征,加上异化粒、岩性、组分等就可用于地质解释工作了。不同的区块之间,其沉积特征不同,这些特征包括生物扰动、不透明矿物、成层性、泥岩破碎、角砾化、岩石的结构等。

(5)相命名。通常,所有的岩石属性都会用于定义沉积相(Reading,1986),这些属性包括岩性(岩相)、化石含量(生物相)、沉积水动力(扰动相)。主要的参数能够反映样品的沉积条件。这里,进行样品沉积相定义时,要忽略所有的成岩过程和属性。比如,砂岩中泥质颗粒破碎形成的假基质与初始的沉积环境无关,在岩石命名中,要将泥质破碎部分从总基质含量中剔除。在碳酸盐岩分类中,常使用的是由 Dunham(1962)提出,并由 Embry 和 Klovan(1971)改进的分类方案(图 3.6)。

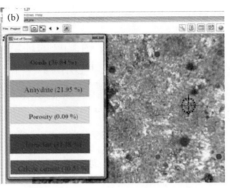

图 3.5　（a）偏光显微镜与计数器,（b）JMicroVision（v. 1. 27 版）
计数软件（为了便于观察,对（b）图像进行了处理）

异化粒灰岩 沉积过程中原生组分未被粘结						原地生长灰岩 沉积过程中原生组分被粘结		
颗粒粒度超过2mm的颗粒含量<10%			颗粒粒度超过2mm 的颗粒含量>10%					
包含灰泥（灰泥粒度<0.03mm）		没有灰泥		颗粒支撑, 颗粒粒度 大于2mm		生物形成了 坚固的格架	生物结壳 和粘结	生物障积
泥质支撑		颗粒支撑	基质支撑					
颗粒含量<10% (0.03mm<颗粒 粒径<2mm)	颗粒含量>10%							
							粘结灰岩	
泥灰岩	粒泥灰岩	泥粒灰岩	颗粒灰岩	浮砾灰岩	砾屑灰岩	格架灰岩	生物粘结灰岩	障积灰岩

图 3.6　碳酸盐岩岩石分类方案（Embry 和 Klovan（1971）基于 Dunham（1962）方案进行了修改完善）

　　这个分类方案常用于石油工业中,其基于岩石结构进行分类,能够反应样品的储层物性。事实上,这个过程是将样品分为不同的微相,但通常还是使用"相"这个术语。碳酸盐岩中,微相包括岩石的宏观和微观特征（Flugel,2010）。在岩心描述之后,宏观特征也包含在微相的范围内。该分类主要基于沉积环境的能量,因此,泥晶与异化粒的比例是确定相类型的关键因素。

　　大部分时候,只通过岩心结构进行分类不能完全满足需求,在沉积解释过程中,异化粒也具有重要的意义。主要的异化粒（大于10%）也要用于相的命名。比如,最常见的异化粒鲕粒,鲕粒颗粒灰岩就是一种没有泥质的灰岩类型。有时还会将两种主要的异化粒按照含量的多少体现在命名当中,比如生物球粒粒泥灰岩是一种泥质支撑的灰岩,主要的异化粒类型是球粒,同时,生物碎屑在岩石中占比也大于10%。碳酸盐岩的非均质性很强,这也导致分类中出现很多名字。这些灰岩都沉积在相同的环境中,生物碎屑粒泥灰岩和球粒粒泥灰岩都发育在缓坡背景的潟湖环境中(Flugel,2010)。因此,常将其归为一个沉积相组,即生物碎屑/球粒粒泥灰岩。但对于内碎屑和鲕粒灰岩的情况可能就不同了,鲕粒沉积在滩的背风坡,内碎屑沉积在滩的背风坡。确定沉积相的目的是解释初始的沉积背景,在合并相组的时候,要始终明确这个目的。表3.1列出了波斯湾盆地二叠系—三叠系碳酸盐岩合并相组的实例。

表3.1　波斯湾二叠系—三叠系碳酸盐岩相组合方案实例

相代码	相组	相	环境
F1	硬石膏	硬石膏	潮上带
F2	黏土岩	黏土岩	潮缘区
F3	泥灰岩,常伴生蒸发岩	泥灰岩/白云质泥灰岩	潮缘区
F4	叠层石	叠层石	潮缘区
F5	粘结	粘结岩	潮缘区
F6	含化石泥灰岩	含化石泥灰岩/含化石白云质泥灰岩	潮缘带/潟湖/开放海
F7	球粒,生物碎屑粒泥灰岩	球粒粒泥灰岩,生物碎屑粒泥灰岩,球粒生物碎屑粒泥灰岩,生物碎屑球粒粒泥灰岩,内碎屑生物碎屑粒泥灰岩,内碎屑粒泥灰岩,球粒鲕粒粒泥灰岩,内碎屑鲕粒粒泥灰岩,内碎屑球粒粒泥灰岩,似核形石生物碎屑粒泥灰岩,似核形石鲕粒粒泥灰岩,似核形石粒泥灰岩,球粒内碎屑粒泥灰岩,球粒似核形石粒泥灰岩	潟湖
F8	似核形石/球粒泥粒灰岩	球粒泥粒灰岩,球粒生物碎屑泥粒灰岩,生物碎屑球粒泥粒灰岩,生物碎屑似核形石泥粒灰岩,内碎屑似核形石泥粒灰岩,似核形石生物碎屑泥粒灰岩,似核形石内碎屑泥粒灰岩,似核形石泥粒灰岩,似核形石球粒泥粒灰岩,球粒似核形石泥粒灰岩,似核形石鲕粒泥粒灰岩	潟湖
F9	鲕粒,生物碎屑泥粒灰岩	生物碎屑泥粒灰岩,生物碎屑鲕粒泥粒灰岩,内碎屑生物碎屑泥粒灰岩,内碎屑鲕粒泥粒灰岩,鲕粒生物碎屑泥粒灰岩,鲕粒泥粒灰岩,鲕粒球粒泥粒灰岩,球粒内碎屑泥粒灰岩,球粒鲕粒泥粒灰岩,内碎屑鲕粒泥粒灰岩,内碎屑泥粒灰岩,似核形石鲕粒泥粒灰岩,鲕粒内碎屑泥粒灰岩,鲕粒似核形石泥粒灰岩	背风面滩
F10	似核形石,生物碎屑/鲕粒颗粒灰岩	似核形石颗粒灰岩,似核形石生物碎屑颗粒灰岩,似核形石鲕粒颗粒灰岩,生物碎屑似核形石颗粒灰岩,鲕粒似核形石颗粒灰岩,球粒似核形石颗粒灰岩	背风面滩
F11	球粒鲕粒/生物碎屑颗粒灰岩	鲕粒球粒颗粒灰岩,球粒鲕粒颗粒灰岩,生物碎屑球粒颗粒灰岩,球粒生物碎屑颗粒灰岩,球粒颗粒灰岩	迎风面滩

续表

相代码	相组	相	环境
F12	生物碎屑/鲕粒 颗粒灰岩	鲕粒颗粒灰岩,鲕粒生物碎屑颗粒灰岩,生物碎屑鲕粒颗粒灰岩,生物碎屑颗粒灰岩	迎风面滩
F13	内碎屑生物碎屑/鲕粒 颗粒灰岩/泥粒灰岩	内碎屑颗粒灰岩,内碎屑生物碎屑颗粒灰岩,生物碎屑内碎屑颗粒灰岩,生物碎屑内碎屑泥粒灰岩,内碎屑鲕粒颗粒灰岩,鲕粒内碎屑颗粒灰岩,鲕粒内碎屑泥粒灰岩,内碎屑球粒颗粒灰岩,内碎屑球粒泥粒灰岩,球粒内碎屑颗粒灰岩,内碎屑泥粒灰岩,内碎屑似核形石颗粒灰岩	向海方向滩
F14	结晶碳酸盐岩	结晶碳酸盐岩	无

绘制相组中,不同相的比例分布图是进行相解释的有效方法(图3.7)。最终的解释结果是确定相组的沉积环境,比如所有缓坡潮缘带的相共同构成了潮缘带环境。

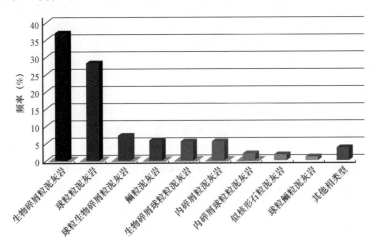

图3.7 表3.1中的F7相组中的相分布特征实例(相组中异化粒相占比75%,
主要的异化化粒是球粒和生物碎屑,其他相也都发育在相同的沉积环境中)

要对每种相定义一个代码,然后使用代码绘制图表、单井柱状图,以及对比不同储层的属性。然后基于沉积环境的相互关系,对其进行排序(通常按照从陆到海的顺序)。

(1)沉积环境。如前所述,通过合并各种相建立相组,每个相组都对应一种特殊的沉积背景。相和沉积环境是储层层序地层研究中最重要的数据之一。

(2)孔隙度和孔隙类型。使用不同的软件,通过视觉评估、点计数,或是图像分析来确定薄片的孔隙度值。视觉评估是将样品的镜下特征与参照图表进行对比,从而来估计孔隙度值。使用点计数得到的孔隙度值,与实验室测量的结果相似。很明显,大部分时候,视觉评估与实验室测量的结果并不能完全一致。通常,使用视觉评估的孔隙度会比常规岩心分析的结果偏低,因为肉眼对样品中的微孔隙无法识别,其中包括泥晶颗粒之间、方解石胶结物之间、白云岩晶粒之间的微孔,以及颗粒接触缝中的孔隙。也可通过图像识别方法评估薄片中的孔隙,需要在图像分析法之前将基质和孔隙进行二值化处理,二值化处理就是将图像中的所有像素点分为两类,通常就是黑色和白色。但由于不同的矿物在不同的偏振光条件下,具有不同的颜色或是颜色强度,会导致识别过程中出现问题。使用蓝色树脂制备铸体薄片可以提高孔隙的识别能力。将单面的薄片样品浸染在真空环境下的蓝色染料和环氧树脂染料中,染料将充满孔隙。

孔隙类型决定了储层样品的岩石物理属性,如孔渗关系等。孔隙类型也是划分岩石类型的重要依据,通过岩石类型的划分可以对样品进行分组,从而降低储层的非均质性(Ahr,2008)。在光学显微镜下,可以观察并确定不同的宏观孔隙类型,并可以将这些结果与实验室测量的压汞曲线或核磁共振数据进行对比。

(1)裂缝。很重要的一点是,基于薄片和岩心柱塞的裂缝研究都不十分精确。通常,岩心柱塞和薄片都取自岩心中没有裂缝的层段,因此薄片和岩心柱塞都不能很好地指示储层裂缝。但还是可以在一定程度上了解裂缝的密度、规模,以及充填特征,如果可能,还可以了解裂缝的破裂机理(详见4.3部分)。

(2)胶结物。胶结物的类型和频率对储层物性具有重要影响。碳酸盐岩中,等厚的、块状的、片状的、脉状的,以及硬石膏等胶结物都很常见。

(3)压实特征。缝合线代表了化学压实作用。压实很多时候都对储层物性具有重要影响(Mehrabi 等,2016)。颗粒之间凸凹不平的缝合线和颗粒内部的微裂缝在物理压实过程中可能会连接在一起,这些现象能够综合反映出储层的压实速率。

(4)白云石化过程。白云石化过程会改变孔隙度和渗透率,以及孔渗之间的关系,且还会改变岩石密度、孔喉尺寸的分布、储层的润湿性等特征。白云石化类型和频率都很重要,基于白云石的尺寸和形状,可对其进行分类。最早的分类由 Friedman(1965)提出,之后 Sibley 和 Gregg(1987)又基于晶体的尺寸和接触关系提出了更加完整的分类方案。不同的石灰岩分类方案都有应用,但对于白云石而言,通常按照其形状划分为边缘平直的和边缘曲折的,根据其粒度大小划分为糖粒和泥晶。糖粒白云岩表现为颗粒粗、晶体通常为自形的菱形,粒度为20~120μm(Warren,2000)。较小的白云岩是泥晶白云岩。此外,还要记录白云石化的含量。白云岩矿物边界清晰、彼此相连的称为平直边界白云岩,边界不清晰的称为非平直白云岩。白云岩还可以按照其与早期结构的关系进行分类。如果白云岩矿物与原始结构保持一致,那就称为结构选择性的,如果白云石化作用改变了原始沉积结构,那就称为非结构选择性的。

还有一些属性不能归为一组,比如新生变形作用、泥晶化作用、泥浆包裹作用、硬石膏结核等都要特别记录。这些信息可帮助识别沉积环境、成岩过程、层序边界,解释储层质量的变化等。需要进行诸如 SEM、XRD、铸体薄片、地球化学,以及其他分析测试的样品要在指定的列中标定出来,使用标记线对每个选取的样品进行标记,从而地质家可以方便地筛选出数据,并看到这些样品的变化特征,也可以让分析人员节省更多时间,快速了解不同的分析内容,及其对应的样品编号、相特征、成岩作用过程等。除了薄片分析,还要记录实验室测试的柱塞样品。薄片研究表格中通常包含孔隙度、渗透率、颗粒密度等参数。这些信息很重要,其将在后续的研究中与地质特征进行对比。将所有的信息在同一个数据集中进行记录,有助于开展对比工作,从而可以很容易地看到每一个地质组中(相或岩石类型)的孔渗分布。比如,分相类型进行筛选并绘制孔渗交会图,可以快速地了解对应相的储层质量(详见6.3部分)。除了薄片研究,更方便的方式是按照 Lucia、Winland、FZI、Lorenz 的岩石分类方案,直接记录其分类结果(详见第6章)。使用这样的方法,可以很容易地对地质研究得到的不同岩石类型的地质参数进行对比。储层中,总会遇到一些反常的参数,因此最后一列还要包括"备注"列,将没有包含的数据库中的参数和异常的地质特征记录在这里,从而帮助更好地了解和解释特殊的变化。

在碳酸盐岩和硅质碎屑岩岩相研究中,大部分的参数都是一致的,但还有部分参数需要进行部分修正再应用(图3.8)。

样品编号				深度(m)	岩性(%)					颗粒粒度(0~4)			微组分(%)				
样品编号	岩心编号	岩心盒编号	柱塞编号	深度(m)	主要岩性	石英	长石	岩屑	黏土	砾石	砂	细砂/粉砂	海绿石	生物碎屑残余	碳酸盐岩微粒	菱铁矿	有机质碎片

结构(0~4)			沉积特征(0~4)					相		环境
分选	磨圆	成熟度	生物扰动	透明矿物	薄互层	泥裂	角砾	相名称	相代码	沉积环境

深度(m)	孔隙度(%)				裂缝(0~4)				胶结作用(0~4)				压实作用(0~4)			其他实验			RCAL				备注
深度	粒间孔	溶蚀孔	裂缝	总孔隙度	充填裂缝	半充填裂缝	矿物类型	开启裂缝	环边型	共轴型	碳酸盐岩矿物	胶结比例	缝合带(0~4)	溶蚀缝(0~4)	压实率(0~4)	XRD	SEM	蓝色染色	孔隙度(%)	渗透率(%)	颗粒密度(g/cm³)	RT	备注

图3.8　硅质碎屑岩岩心描述定量图表(参数可根据项目需求进行调整)

(1)通用信息和深度标尺是完全一致的。

(2)岩性由三个主要的组分组成,包括石英、长石和岩屑。这三个组分代表了搬运的能量和时间。石英是最稳定的矿物,石英含量高代表沉积物的搬运能量高、距离长。岩屑可以反映沉积物源的岩性,岩屑是最不稳定的颗粒,在高能搬运系统中容易分解。长石也对环境敏感,其会转化为其他矿物,在潮湿环境中,极易变为黏土。所有这些变化都与时间相关。在海岸环境中,长期经历海浪侵蚀和沉积,沉积物的主要成分是石英。在潮湿环境的曲流河环境中,长石通常转化为黏土。有时,还会发育有碳酸盐岩颗粒(通常为生物碎屑),大部分时候,碳酸盐岩颗粒都是在沉积环境中形成,因此,如果碳酸盐岩颗粒含量较高,则代表了硅质碎屑岩—碳酸盐岩的混积背景。在碳酸盐岩中,同样也要评价这些组分的含量。

硅质碎屑岩中,颗粒的尺寸代表了搬运介质的能量和沉积环境。在碳酸盐岩中,颗粒的尺寸主要受生物外形大小的影响,这与碎屑岩不同。颗粒的尺寸通常分为 3 个级别(Wentworth,1922):砾(>2mm),砂(0.63 ~ 2mm),泥(< 0.063mm)。搬运系统的能量会将细粒的物质带走,从而既增加颗粒的粒度,又增加岩石的成熟度,而将细粒的沉积物搬运至低能环境沉积下来。

(1)硅质碎屑岩主要为砂岩,砾岩和泥质的储层并不常见。对于疏松的未固结砂岩,筛分分析是最好的测量粒度的方法。世界上第一个碳酸盐岩油藏中,Asmari 地层的 Ahwaz 砂岩段就是这样的例子。在固结岩石中,确定粒度主要依靠目测、分级显微薄片,或是专门的软件。使用目测时,将颗粒直径与显微视域进行对比。使用计算机软件时,需要已知某些特定的尺寸。确定了粒度之后,后续的统计分析和解释与疏松沉积物的方法一致(详见 Tucker,2001)。

(2)观察到的微量组分由于含量较低,通常不用于岩石分类,这些微组分包括但不限于海绿石、生物碎屑残片、碳酸盐岩颗粒、菱铁矿,以及有机质等。

(3)岩石的结构参数包括分选、磨圆和成熟度。分选指粒度的相似性(图 3.9)。磨圆指颗粒棱角的尖锐程度,换句话说,就是颗粒边缘的曲率与相同粒度圆球曲率的比(图 3.10a)。Wadell(1932)提出,使用颗粒内角平均半径与最大内切圆半径的比值,作为磨圆度的值(图3.10a)。

$$Ro = \sum r/(NR) \tag{3.1}$$

式中　　Ro——磨圆度;

r——颗粒某个角的曲率半径;

N——颗粒中角的个数;

R——颗粒最大内切圆的半径。

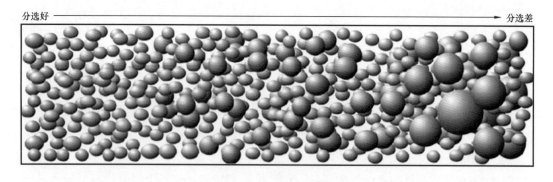

图3.9　分选概念示意图

一个圆球的曲率半径为1,其他情况包括:极好磨圆(磨圆度值0.6 ~ 1),磨圆(0.4 ~ 0.6),次磨圆(0.25 ~ 0.4),次棱角(0.15 ~ 0.25),棱角(0 ~ 0.15),极端棱角(颗粒带有极度锋利的边缘)。使用计算机可以精确计算颗粒的圆度,但在岩心分析中,更常用的是目测方

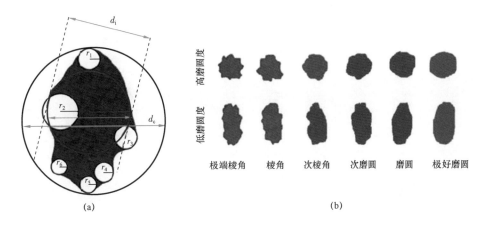

图 3.10   (a) Wadell 圆度和 Riley 球度概念示意图,(b)圆度和球度的观测范围示意图
(引自 Powers,1953,有修改)

法,将磨圆程度分为上述 6 个级别(图 3.10b)。

还有很多方法可以计算颗粒的球度。Wadell(1932),Sneed 和 Folk(1958)提出的使用三维属性计算颗粒球度的方法不适用于岩石的薄片研究。Riley(1941)定义了投影球度,用外接圆与内切圆直径的比作为球度(图 3.10a)。

$$S = (d_i/d_c)^{0.5} \tag{3.2}$$

式中 S——投影球度;

d_i——内切圆直径;

d_c——外接圆直径。

(1)大部分砂岩储层的相分类和相分类的代码都是按照 Pettijohn(1975)的分类方案执行(图 3.11)。砂岩的分类主要基于基质和颗粒组分的比例,通常根据泥质含量分为砂质岩、含泥岩(缩写为 wackes),以及泥质岩。这里,基质指样品中颗粒比骨架细的成分,在砂岩中定义为粒度小于 30μm 的成分(Dott,1964)。用于分类的三种主要组分是石英、长石和岩屑。其他组分通常在搬运过程中不稳定,易溶解,易分解,或易转化为别的物质。砂质岩中,基质小于 15%;当基质大于 75% 时,称为泥质岩;在砂质岩与泥质岩之间,称为含泥岩。砂岩有时还根据主要成分(除去基质和其他矿物)的比例做进一步细分。可以将砂岩的三个主要成分归一到 100%,绘制在三角图上。与 Dunham 的碳酸盐岩分类方案相似,这个分类也基于结构参数,并可应用于储层地质中。这些术语并不仅仅是一个分类系统,还能够反映搬运和沉积的能量。碎屑岩还经常按照颗粒组分的类型进行划分,比如,岩屑砂质岩还可分为沉积岩岩屑砂质岩、变质岩岩屑砂质岩、火山岩岩屑砂质岩。并不推荐在岩心分析项目中使用这些细致的分类方案,除非要开展专门的研究。定相的过程与碳酸盐岩一样。

(2)其他现象,诸如互层、泥裂、角砾,以及不透明矿物的含量都要进行记录。需要指出的是,这一部分工作主要取决于项目的研究目标。

(3)沉积环境的研究过程与碳酸盐岩一致。

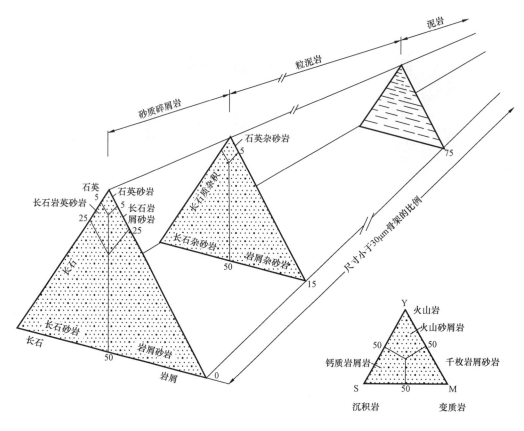

图 3.11 Pettijohn 的砂岩分类方案(引自 Wiranto,2013)

(4)孔隙类型及其对应的量,砂岩中的主要孔隙类型包括粒间孔、溶蚀孔,以及裂缝。

(5)砂岩中裂缝的破裂过程与碳酸盐岩相似,但砂岩中的裂缝数量通常少于碳酸盐岩。

(6)胶结物,主要的胶结物类型包括铁质胶结物,钙质胶结物,硅质沉积形成的自生加大环边和共轴晶体,以及颗粒之间的孔隙充填。

(7)压实作用过程与碳酸盐岩一致。

(8)样品的选择,实验室测量的孔隙度、渗透率,颗粒密度,岩石类型,以及备注等内容与碳酸盐岩一致。

3.3 古生物学

化石与其他颗粒可以一起构成岩石的组成部分。生活在沉积环境中的植物和动物(海相和非海相)在其死后,便与沉积物一同沉积下来,并在沉积物的成岩过程中形成化石。因此,在岩心研究中,这些化石会与其他组分一同来研究。其常被用于确定绝对年龄,辅助地层对比,确定层序地层和不整合面,识别古环境、古生态、古水深等信息。

宏观化石包括腹足类、头足类、厚壳蛤类、瓣鳃类等,都可以通过裸眼观察进行研究。由于岩心的直径较小,除非化石形成了相的骨架(包括格架灰岩和黏结灰岩),通常在岩心中很难见到宏观生物体。

在岩相分析中,通过钙质测试来研究微观化石,并记录相关数据,包括微观化石的类型(种,属)、频率(比如异化粒的频率,0～4),及其出现和灭绝的过程等。基于记录的数据,开展解释并整理相关结果。薄片的岩相研究并不适用于所有微观化石,有些化石需要特殊的步骤从岩石中提取出来(如孢子、花粉、疑源类、几丁虫、牙形石,以及纳米化石等)。除了化石的生物体,岩心分析中还要研究生物留下的遗迹(Knaust,2017),这些化石被称为遗迹化石,在岩心尺度上可以观察到生物扰动、生物钻孔、生物侵蚀、生物游迹,以及生物运动轨迹等。当研究目标是沉积岩的古环境和古生态学时,遗迹化石是非常重要的研究工具。

当收集到足够的古生物研究成果后,地质学家就可以确定岩石薄片的年龄,基于化石的研究和井间对比,并与同时代的剖面进行对比,就可以进行生物分区。图 3.12 展示了岩心和薄片尺度下,观察到的化石的实例。

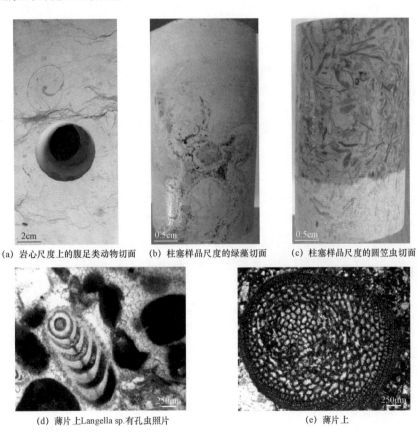

(a) 岩心尺度上的腹足类动物切面　(b) 柱塞样品尺度的绿藻切面　(c) 柱塞样品尺度的圆笠虫切面

(d) 薄片上Langella sp.有孔虫照片　(e) 薄片上

图 3.12　Orbitolina sp. 照片

3.4　XRD 分析

X 射线散射(XRD)是通过识别矿物的晶体结构来确定矿物的方法。通过该方法识别那些在显微镜下无法识别的矿物。因此,该方法是进行泥质分类的最佳方法。将粒度为泥质水平的组分(通常小于4μm)从整个样品中分离出来,再用确定波长的 X 射线进行照射。通过与数据库中样品比对反射射线的强度和角度来识别矿物的种类。

3.4.1   样品选择

任何分析中,选择样品都对最终的结果和解释具有重要影响。通常,岩心分析项目中,XRD 样品的选择都分为两个阶段。第一个阶段是岩心刚被打开的时候,在薄片制备之前,开展宏观岩心描述的时候。基于 GR 测井曲线和初步的宏观描述结论选择样品。这个阶段选择样品的目的是为了在岩相观察之前,提高对矿物的了解。与岩心柱塞取样一样,通常会忽略泥岩段,因为通常不会在泥岩段钻取柱塞样品,泥岩样品遇水会分解,钻取过程中也会破碎。

更主要的 XRD 选样是在显微研究之后。此时,对于某些样品的矿物组成可能有些歧义,通常是对黏土矿物的类型。这些黏土矿物可能会被选择来进行 XRD 实验。黏土胶结物对砂岩储层具有重要的意义。

没有关于样品数量的严格的规定。这完全取决于地层的性质和项目的预算。在硅质碎屑岩中,黏土矿物很常见,因此在这类储层中,通常会分析相对较多的样品。

3.4.2   岩块 XRD 分析

这类分析通常用于一块样品中所有的组分的含量都相近的情况。此时就要对每一种矿物进行检查。

3.4.3   黏土矿物学

如果样品中黏土矿物的含量相对于其他矿物较少,或是样品完全由黏土矿物组成,那么就可以进行黏土矿物学研究。如果黏土矿物较少,那么其对应的峰值就会被其他矿物所掩盖,此时就需要在分析之前增加黏土矿物的集中度。

XRD 分析还可以对沉积岩(主要是砂岩)中的黏土含量进行定量。有两种常用的黏土定量分析的方法。通过斯托克斯沉降等物理方法,可以将黏土矿物从岩石中分离出来,分离过程主要利用颗粒粒度和分离速度的关系。实际应用中,这个关系受到颗粒形状、密度、加速度(受颗粒接触关系影响)、流体密度和黏度的影响。对这些变量进行一些假设,那么斯托克斯分离过程可以表示为:

$$D = (v/C)^{1/2} \tag{3.3}$$

式中 D——颗粒直径;

v——分离速度。

变量 C 取决于颗粒和流体的密度、流体的黏度,以及重力的影响,同时流体的属性随温度改变。因此,假设为球形石英颗粒和蒸馏水,那么 C 就只与温度相关。

实际应用中,将已知质量的样品(倾向于选择细粒样品,颗粒直径小于 0.063mm)悬浮于1000mL 蒸馏水中,蒸馏水盛于一个有刻度的量筒中。黏土矿物的直径 D 小于 4μm。不同温度条件下,C 是已知量。已知了颗粒直径和系数 C 之后,就可以计算沉降的速度。样品在量筒

中的深度 h 是可选择的（推荐为 $10 \sim 20\text{cm}$）。样品运动的平均速度为 h/t，其中时间 t 是已知量。从样品的一定深度处，用带刻度的吸管吸出确定量的悬浮液（一般是 20mL）。此时所有直径小于 $4\mu\text{m}$ 的样品仍悬浮在液体中，而直径大于 $4\mu\text{m}$ 的颗粒会沉淀在底部。将样品置于加热炉中烘干，并称重，这就是对应样品体积的泥质质量。原始样品的泥质含量就用泥质的总质量除以样品体积（1000mL）。比如，取出的悬浮液体积是 20mL，那么对应的泥质的总质量就是 20 乘以 50。

可以使用 XRD 对样品的黏土类型进行分析。通过离心法对黏土进行粒度分级，针对粒度较小的细粒物质，按照 $2\mu\text{m}$ 为区间进行分级，有时黏土矿物的粒度比定义的大（超过 $4\mu\text{m}$），那么分级时就可采用更大的区间（$16\mu\text{m}$）。

使用黏土粒级 XRD 分析能够增加峰值的分辨率，因此可以使黏土类型的分析结果更加可靠。但该方法中，还是无法计算样品中每一种黏土的体积。全岩 XRD 分析可以准确测量的样品中存在的黏土含量，但受不同类型黏土丰度的影响，对某些黏土矿物还是无法区分，甚至难以发现。泥岩层是有效的阻碍流体流动的隔层，高岭石会降低砂岩的孔隙度，伊利石会降低砂岩的渗透率，蒙脱石吸水膨胀后会导致钻井的问题，也会导致地层伤害。

3.5　SEM 分析

扫描电镜（SEM）通过发射聚焦电子束，并通过检测次生的和背景散射的电子信号来放大样品。相对岩相分析，SEM 展现出实际的三维矿物、胶结物、孔隙结构及其相互关系的图像。现今的 SEM 设备的放大范围比其他地质设备的放大范围大得多。分析储层岩石时，其放大范围通常为 $150 \sim 10000$ 倍。比如，第一个样品要观察一个鲕粒灰岩中的铸模孔隙，而第二个样品要观察球丛状的黄铁矿。仪器在很大范围内连续变化其放大倍数的能力可以为样品属性的分析提供很多有价值的信息（图 3.13）。有经验的地质学家可以基于矿物的形态属性确定其矿物类型。大部分的 SEM 都配备有能谱散射分析仪（EDX 或 EDA），从而可以确定样品中某种元素的浓度。对比形态学属性和元素浓度，可以得到更精确的岩石组成的信息。

3.5.1　样品的选择

选择哪些样品进行 SEM 分析和成像主要取决于研究的目的，但大部分时候，这项工作要在岩相研究之后开展。此时，已经对地质上的岩石类型有了估计。孔隙类型也是样品选择的关键因素（Tavakoli 和 Jamalian，2018）。具有相同孔隙类型的样品具有相近的孔喉分布（PTSD）。按照项目的研究目的和预算的限制，在每种孔隙类型中选择一定数量的样品（详见第 6 章）。最理想的情况是，SEM 与压汞实验（MIPC）样品具有对应的深度，这样可以对孔喉分布进行二次复核，并可以对孔喉进行定量测量。

SEM 分析还有其他的应用。有些矿物，尤其是黏土矿物如高岭石、伊利石、绿泥石，在 SEM 分析中可见不同的存在形式。该设备还能够展示样品中微孔的形态。如果需要对特殊的点或线进行元素分析，那么 SEM 配套的 EDX 是最好的选择。

(a) 铸模孔　　　　　　　(b) 铸模孔的连接通道　　　　(c) 同一样品中，微晶之间的微孔隙

图 3.13　SEM 分析的有效尺度(图 a 中矩形内的放大图像为图 b，图 b 中矩形内的放大图像为图 c

3.5.2　EXD 分析

大部分时候，样品的元素组成都反映了其地质特征。因此 EXD 分析可以指示样品的沉积环境和沉积条件、古气候、成岩作用、暴露面，以及其他参数等。EDX 可以提供样品定量的元素鉴定结果和化学组成特征。将高能的带电粒子束或 X 射线束打到样品上，电子束会激发样品原子内层的电子，并使其逃逸出来，其留下的空白位置被外层电子层的高能电子所补充。散射能谱记录下放射出的 X 射线的数量和能量。这些能量与原子核的结构相关，从而就可以确定元素的类型。

综合 SEM – EDX 分析中还常用到线性分析。在一条线上指定若干个点，再在每个点上测量元素的浓度。元素浓度的变化就反映了沉积和成岩条件的变化。这对于胶结的地层和解释成岩环境的变化都很有益。还可以进行元素图(EMA)分析，该分析中，每种元素的频率都用预先指定的颜色进行标记，其结果表现为一幅图片。

3.6　微观不确定性

岩相分析属半定量研究，严重依赖于岩相学家的经验。对于初学者，通常错误估计颗粒和孔隙的比例。点计数方法相对更加准确，但也有可能选错了区域，或是对矿物、颗粒、胶结物，以及基质做出错误的定义。每个薄片中都包含了大量的参数信息，每个岩心分析工作都包括大量的薄片。想象一下，假设输入数据中只有 1% 的错误，岩相学家在记录数据时，很容易在填写预设表格时发生这样的错误。假如，每张薄片需要记录 30 个参数，同时项目中需要观察1000 张薄片，那就需要将30000 条记录从专家的头脑中转化到数据表格中。那么 1% 就是 300条记录。大部分项目中，受时间限制，都不可能对结果进行二次复核。项目中，降低误差程度非常重要，数据分析应遵循整体趋势，而非某个单一的记录。

参 考 文 献

Ahr WM(2008) Geology of carbonatereservoirs: the identification, description, and characterization of hydrocarbon reservoirs in carbonate rocks. Wiley – Interscience, Malden.

Bebou DG, Loucks RG(1984) Handbook for logging carbonate rocks. Bureau of Economic Geology, Texas.

Dickson JAD(1965) A modified technique for carbonates in thin section. Nature 205:587.

Dott RH(1964) Wacke, greywacke and matrix: what approach to immature sandstone classification? J Sed Res 34: 625 – 632.

Dunham RJ(1962) Classification of carbonate rocks according to depositional texture. In: Ham WE(ed) Classification of carbonate rocks. AAPG Memoir 1, pp 108 – 121.

Embry AF, Klovan JE(1971) A Late Devonian reef tract on Northeastern Banks Island, NWT. Bull Can Petrol Geol 19:730 – 781.

Evamy BD(1963) The application of a chemical staining technique to a study of dedolomitisation. Sedimentology 2: 164 – 170.

Flugel E(2010) Microfacies of carbonate rocks, analysis, interpretation and application. Springer, Berlin.

Friedman GM(1959) Identification of carbonate minerals by staining methods. J Sediment Petrol 29:87 – 97.

Friedman GM(1965) Terminology of crystallization textures and fabrics in sedimentary rocks. J Sediment Petrol 35: 643 – 655.

Knaust D(2017) Atlas of trace fossils in well core—appearance, taxonomy and interpretation. Springer International Publishing, Cham.

Mehrabi H, Mansouri M, Rahimpour – Bonab H, Tavakoli V, Hassanzadeh M(2016) Chemical compaction features as potential barriers in the Permian – Triassic reservoirs of southern Iran. J Petrol Sci Eng 145:95 – 113.

Pettijohn FJ(1975) Sedimentary rocks. Harper & Row, New York.

Powers MC(1953) A New Roundness Scale for Sedimentary Particles. SEPM J of Sediment Res Vol. 23.

Reading HG(1986) Sedimentary environments and facies. Blackwell Scientific Publications, Oxford.

Reeder RJ(1983) Crystal chemistry of the rhombohedral carbonates. In: Reeder RJ(ed) Carbonates: mineralogy and chemistry. mineralogical society of America reviews in mineralogy, vol 11. Mineralogical Society of America, pp 1 – 47.

Riley NA(1941) Projection sphericity. J Sed Res 11:94 – 95.

Scholle PA, Ulmer – Scholle DS(2006) Color guide to petrography of carbonate rocks. AAPG memoir 77, AAPG, Tulsa.

Sibley DF, Gregg JM(1987) Classification of dolomite rock textures. J Sediment Petrol 57:967 – 975.

Sneed ED, Folk RL(1958) Pebbles in the lower Colorado River, Texas, a study in particle morphogenesis. J Geol 66: 114 – 150.

Tavakoli V, Jamalian A(2018) Microporosity evolution in Iranian reservoirs, Dalan and Dariyan formations, the central Persian Gulf. J Nat Gas Sci Eng 52:155 – 165.

Tucker ME(2001) Sedimentary petrology: an introduction to the origin of sedimentary rocks. Wiley – Blackwell, Oxford.

Wadell H(1932) Volume, shape, roundness of rock particles. J Geol 40:443 – 451.

Warren J(2000)Dolomite:occurrence,evolution and economically important associations. Earth – Sci Rev 52:1 – 81.

Wentworth CK(1922)A scale of grade and class terms for clastic sediments. J Geol 30:377 – 392.

Wiranto RS(2013)FOBEX 1:All about sandstone. Available via AAPG. http://aapg. ft. ugm. ac. id/fobex – 1 – all –
about – sandstone. Accessed 5 Feb 2018.

第4章　宏观研究

宏观岩心分析测量大尺度的岩心属性,这些属性无法使用其他手段进行检测。岩心的宏观描述是地质观察的最后一步,揭示了岩心柱塞样品除微观属性外的其他属性。对于一些重要的岩性,如泥岩和蒸发岩,无法获取柱塞样品,但描述该类岩性的变化,揭示其成因都非常重要。缺失宏观岩心属性,将导致建立的概念模型和数值模型出现严重错误。一般情况下,宏观岩心描述包括两个步骤。第一步是在前面对岩心进行清洁和评价之后,选择重要的、有代表性的样品进行分析。第二步是作为地质研究的结尾,进行描述工作。在进行岩心描述之前,首先要将其切片,要将岩心未受污染的表面展示出来。在岩心描述时,要将岩心属性记录在标准的表格中,这里包括但不限于岩心的层位、颜色、沉积构造、缝合线等压实现象,层理,层面,隔夹层,破碎段,大型的生物遗迹,肉眼可识别的孔隙、裂缝及其属性,粒度的粗细旋回,含油水平等。这些记录的参数应按照合适的比例形成岩心描述序列。这些结论会与岩心的微观地质研究、常规岩心分析数据一起,共同建立更加准确的地质模型。

4.1　岩心切片和树脂浸润

完成了常规岩心分析(RCAL)、完成了地质研究,以及选取了进行特殊岩心分析(SCAL)的样品之后,岩心要沿着取心方向剖开。通常将岩心剖分为两部分,1/3 直径部分和 2/3 体积部分,如果需要制备附加的岩心柱塞,就从较厚的部分钻取。多数时候,水是主要的冷却流体,包括岩心的清洁和钻取柱塞样的过程,这里就要考虑水与岩心柱塞的相互反应。使用盐水作为冷却液是非常昂贵的,同时还会使盐沉淀在岩心上。汽油也是一个很好的选择,但也会渗入岩心,导致岩心性质的改变。在切片过程中,剖出的新鲜面可用于宏观观察研究。将切除的 1/3 部分安置在塑料盘中,平面向下,并用干净的环氧树脂进行固定。托盘的长度为 1m。向托盘中注入足够多的环氧树脂,先形成一个基底。之后再进一步增加环氧树脂的量,将岩心完全固定。流体的黏度需要适中,从而能够沿着岩心周边流动,并填满岩心之间的空隙。当环氧树脂固结之后,将上部的柱面削平。托盘上要有岩心的说明,要包含地层、井号、油田、深度、客户等信息(图 4.1)。在进行了柱塞取样的位置处,岩心是空的。在柱塞样的对应位置上,要标明柱塞样的方向、深度,以及序号。这些托盘将在后续的地质研究中应用。这些托盘要放置在特殊的抽屉中。要尽量减小后续造成的顺序混乱、损坏,以及破碎现象。将岩心放置在树脂中,从而防止对样品的直接接触,或是样品与酸的反应。如果岩心中包含大量的油,那么其中的油也会与环氧树脂发生反应。

图4.1　1m岩心树脂浸润的实例

4.2　岩心描述

在岩心切片以后,切割面就可以用于岩心的地质描述了。宏观的岩心描述的目的是为了识别岩心的宏观属性,比如宏观的沉积、构造、成岩作用等。宏观的特征描述可以是针对清洁后的、整个岩心的,也可以是针对切片后的新鲜面的,但主要的地质岩心描述过程都是在切片以后开展的。岩心剖开以后,地质家就获得了平整的、新鲜的、干净的岩心面。岩心描述的第一个目的是帮助 RCAL 选样,以及获得更加有效的岩相描述成果。岩心描述的成果与其他数据集成,是后续储层研究的基础,这些储层研究包括储层质量评价和层序地层研究。岩心描述成果易于获取,并可以提供一套持久的关于岩心特征的记录。岩心描述通常由下向上进行,这与沉积模式一致,地质学家可以按照沉积的时间序列看到岩石的变化特征。对这些系统的数据,应形成记录表格(图4.2)。最好提前定义好所有参数的对应符号,从而可以节省在实验室内的观察时间。若没有标准的符号规定,Bebout 和 Loucks(1984)的实例可作为借鉴,图4.3还列出了其他一些符号。在岩心描述过程中,还需要一些简单的设备,如放大镜、喷水壶、海绵、盐酸、直尺、量角器、铅笔、防水马克笔、橡皮、白纸和垫板、取样袋等(图4.4)。在每次拍照的时候,都要放置照片的比例尺(图4.5)。

关于岩心描述,已经开发了很多不同的软件,可以安装在笔记本电脑或是平板电脑上。虽然大部分的参数都可以记录在准备好的表格或是软件中,但还是应该准备一个笔记本,因为总是难免遇到一些意料之外的参数。一项岩心描述工作,至少需要两个人参与。在开始岩心描述之前,还要做好如下准备工作。

(1)将岩心摆置在桌面上。桌面的高度和环境的灯光是两个重要的因素。如果可能,尽量使用太阳光,或是同时包括白光和黄光的照明灯。

(2)按照取心报告的记录和显微镜记录检查岩心的长度。确保在岩心处理和取样过程中没有丢失岩心。

(3)检查岩心的深度顺序。保证其为由底至顶摆置。

(4)检查岩心盒的顶底,这一点在岩心描述过程中经常被淡忘。

(5)挂置(在实验室墙壁上)准备好的曲线记录,比如微观描述、评价后的测井曲线。

(6)在开始之前,还要对整个岩心段进行检查,落实关键边界的位置,如地层或油藏单元的界线等。

油田：				地层：			客户：														表号：			
井号：				日期：			记录人：														比例尺：			
通用信息：			粒度																					
岩心编号	岩心盒编号	深度（m）	黏土	粉砂	砂岩	砾岩	岩性描述	沉积相	岩心构造	主要组分	次要组分	目测孔隙度	缝合线	溶蚀缝	角砾	粉砂质比例	白云石化比例	油气显示	接触面	生物扰动	照片	取样编号	颜色	备注

图 4.2　岩心描述的实例（参数可根据项目需求进行调整）

岩性

	石灰岩
	泥质灰岩
	白云质灰岩
	白云岩
	灰质白云岩
	泥岩
	硬石膏
	砾石
	粗砂岩
	细砂岩
	黏土岩

化石

苔藓虫	贝壳碎片	介形亚纲动物
棘皮动物	生物碎片	红藻
腹足动物	绿藻	栗孔虫
底栖有孔虫	小型有孔虫	厚壳蛤
浮游有孔虫	腕足动物	骨针
鲕粒	叠层石	牙形石
双壳类碎片	锑铜矿	鱼类残留
海白合纲动物	珊瑚	放射虫
植物化石	菊石	牙/骨碎片

沉积特征

缝合带	硬石膏结核
破碎层	硬石膏假晶
生物扰动	角砾岩
鲕粒	块状
球粒	厚层状
卵石	强扭曲
溶蚀线	内碎屑
交错层理	冲刷面
泥裂	互层状
波纹	剥蚀面
正韵律	雨痕
反韵律	植物根痕
蒸发岩铸模	盐结核

碳酸盐岩相

M: 泥灰岩	B: 粘结灰岩
W: 粒泥灰岩	Ba: 障积灰岩
P: 泥粒灰岩	Bi: 生物镶固灰岩
G: 颗粒灰岩	F: 格架灰岩
CC: 结晶灰岩	Fl: 浮砾岩

碎屑岩相

QA: 石英砂岩	LA: 岩屑砂岩
SA: 次长石砂岩	FLA: 长石岩屑砂岩
SLA: 次岩屑砂岩	QW: 石英杂砂岩
LSA: 岩屑次长石砂岩	FW: 长石杂砂岩
A: 长石砂岩	LW: 岩屑杂砂岩
LA: 岩屑长石砂岩	SM: 砂质泥灰岩

图4.3 宏观岩心描述中涉及的符号图例

图 4.4　宏观岩心分析中涉及的一些简单工具

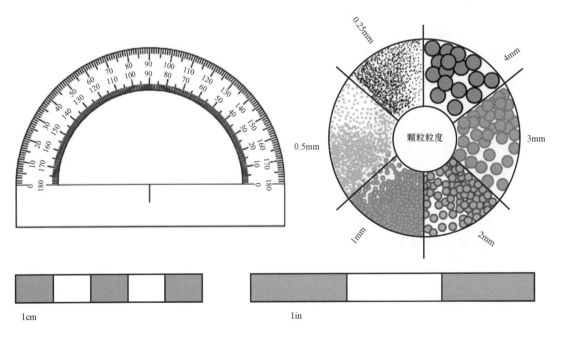

图 4.5　宏观岩心照片的尺度(当矩形盒的宽度为 15mm 时,尺度就可以获取)

对于硅质碎屑岩和碳酸盐岩,岩心描述中感兴趣的参数是不同的。通常,需要记录的参数如下。

(1)缺失的层段。在常规岩心分析中,岩心柱塞的取样间隔为30cm。因此,在柱塞样品之间,可能有些岩心的变化会丢失。而有些层段如泥岩层、硬石膏层会对最后的油藏研究产生重要影响。这些信息需要详细记录,从而指导后续的油藏评价研究。

(2)岩心的颜色。有两个主要的因素会影响岩心的颜色,一是光的色相,二是光的质量(深色或是浅色)。当描述一种颜色时,事实上是描述光的色相。岩心的颜色要尽量简单,并具有普适性,且可使用标准颜色图谱,比如灰绿色、浅灰色、乳白色等。综合色相和亮度可以得到很多颜色的名称。岩心的颜色是古环境条件的指示,比如氧化环境,颜色也能指示岩石的组成成分(如氧化环境中,铁质表现为红色)。

(3)沉积构造。包括互层状,交错层理,渐变层理,变形层理,压扁层理,透镜层理,泥裂,重荷模等。要准确地记录沉积构造,其是古环境解释最重要的因素之一。

(4)压实相关特征。如缝合线、溶蚀接缝等,其是样品古应力的良好标志。有些时候,缝合线也会成为储层中的隔夹层或是流动通道。

(5)层理和地层界面。这些界面是环境条件改变的标志,比如沉积能量的改变。地层界面是层序地层解释中的重要内容。

(6)内碎屑和破碎段。这些通常来自下部层段,指示了沉积能量的再次活跃。碳酸盐岩的内碎屑通常为原地生成的。

(7)可视孔隙度。在显微镜下研究中,也会记录孔隙度信息,但有些大孔隙,如较大的溶孔无法在显微镜下进行研究。

(8)遗迹化石。这些化石构造是生物体在早期的下部地层上形成的,包括沉积物、沉积岩,或是有机质(Knaust,2017)。还要记录生物沉积构造(Frey,1973),包括生物扰动、生物侵蚀、生物再沉积等。可参见 Knaust(2017)的例子。

(9)裂缝。关于岩心裂缝部分的介绍详见4.3部分。

(10)向上变细或变粗的层序。这些层序能明确地指示沉积能量的变化,或是存在特殊事件(如浊流等)。

(11)油气显示。记录样品中的油气显示级别。这里也可使用0~4的分级方案。

最好是将所有描述的参数综合到一起形成最终的曲线记录。将曲线与深度进行对应,并用于后续的解释(详见4.4部分)。已有很多软件都可以绘制地质曲线。岩心描述曲线是基础信息的集成,包括从岩心微观特征到电缆测井的所有参数(如岩性或伽马曲线),以及岩心描述中记录的相关宏观属性。

岩心照片提供了整个岩心,或是岩心切片,或是岩心某些特殊部分的可视化信息。这可以使岩心观察更加便捷,尽量减小对岩心的触摸,并提供数字化的样品属性信息。岩心照相包括自然光下(白光)和紫外光下(UV)(荧光模式)两种模式。自然光照片展示了岩心的特征,从而可以在岩心描述之后对岩心宏观特征的记录进行复查。紫外光照片中突出了油气浸染的部分，重质油表现为橘黄—棕色荧光，轻质油表现为亮黄色荧光。没有油气浸染的位置，紫外光下表现为深黄色到紫色（图 4.6）。由于轻质油易于挥发，因此紫外光照片要在岩心剖开时马上进行拍照。对于非伴生天然气藏，无须进行紫外光照相（如 South Pars 气田和 North Dome 气田），所有的油气都会在岩心打开的时候挥发出去。需要注意的一点是，要将油基钻井液滤液与原始油气区分开。岩心照片可用于岩石物理评价，对比测井曲线分析结果与地质信息之间的关系。

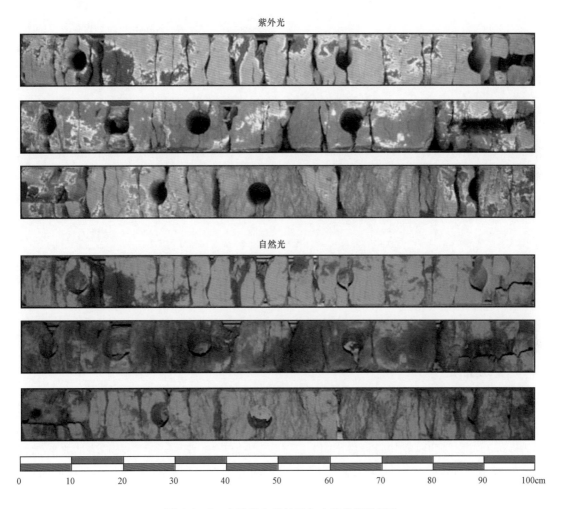

图 4.6　3m 含油岩心紫外光和自然光下的照片

　　整体岩心照片不适用于后续岩心特征的识别。因此，在宏观岩心描述中，还要对某些重要的和突出的现象进行特写拍照（图 4.7）。有些现象在潮湿的岩心上更加明显，此时就会用到喷水壶了。

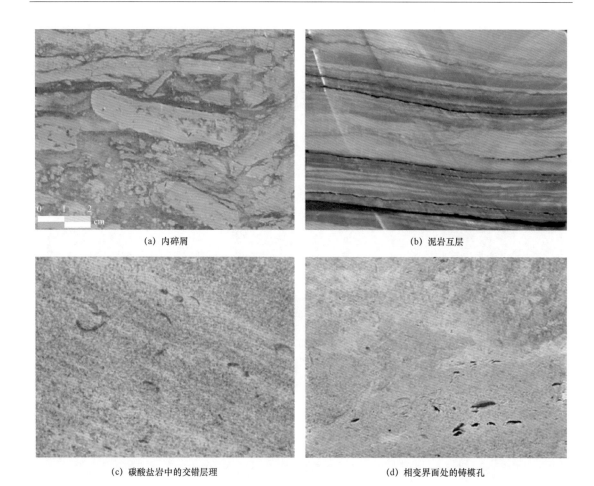

(a) 内碎屑 (b) 泥岩互层

(c) 碳酸盐岩中的交错层理 (d) 相变界面处的铸模孔

图4.7 清洁后的岩心照片,4张照片尺度一致

4.3 裂缝描述

油藏中裂缝研究的第一步是成像测井解释(如果有资料的话),但对于岩心来说,研究裂缝的第一步是进行 CT 扫描。CT 扫描可以在岩心打开之前就对裂缝及其特征进行成像(详见2.3 部分)。对裂缝的研究与岩心描述同时开始,可分为两步,第一步是在岩心清洁之后,如有可能,对岩心进行定向,但大部分时候,岩心在取心过程中都会被旋转,从而失去了原始的定向特征。考虑井轨迹的方位,计算裂缝的倾角。如果取心段有成像测井,那就可以通过成像测井上裂缝的倾角,将岩心进行定向。将裂缝的属性转化为裂缝曲线信息,将最终的结果展示在其他岩石属性的旁边(如孔隙度、渗透率、岩性等)。如果有裂缝平行于切片面,那么就可能在裂缝研究中被遗漏掉。因此,需要集成所有的可用数据来综合判断。基于岩心研究的裂缝属性信息表如图4.8 所示。

记录信息包括岩心的通用信息(如岩心编号和岩心盒编号)。与储层的其他参数一样,裂缝的深度信息也需要被记录。要记录裂缝的中点对应的深度。观察裂缝与取心段岩心交面的

油田：		井号：		客户：	页码：		记录人：		日期：	

H：水平缝，Sh：近水平缝，Sv：近垂直缝，O：倾斜缝，V：垂直缝；E：拉张缝，S：剪切缝，I：诱导缝，Op：开启缝，C：闭合缝，F：充填缝

岩心编号	岩心盒编号	岩心中点深度	岩心长度	是否为系统取心	裂缝开度(mm)	裂缝倾角	裂缝开启性	裂缝胶结类型	照片	裂缝发育强度

图 4.8　岩心裂缝研究记录实例（引自 M. Eliassi）

长度。有的裂缝是成体系的，如构造应力成因缝，也可能是不成体系的，如与构造区域无关的裂缝（Nelson，2001），如泥裂等。诱导缝与天然裂缝无关，可能是由于钻井或是搬运过程中，人物干扰导致的（参见 Lorenz 和 Cooper，2018）。裂缝张开的宽度称为裂缝开度，裂缝可能是闭合的、开启的，也可能是被胶结物充填的。要记录所拍摄的裂缝照片的深度。其中岩心上每米发育的裂缝的频率称为裂缝发育强度。

4.4　岩心曲线的绘制

岩心曲线是由按照深度记录的、一列一列地绘制出来的岩心相关参数组成的。不同的参数的选取与测试的目的相关，关于参数的选择和排序，并没有严格的要求。但有些公司有严格的岩心曲线格式，需要遵守。使用标准模板有很多好处，可以使成果文件更容易让其他研究人员理解，并实现更好的沟通。但无论哪种方式，最终的成果都是按照预先设定的比例尺，绘制包含多个图道信息的图件。根据岩心的长度，可以选用不同的比例尺，但大部分时候比例尺为

1/200,对于 400m 的岩心,纸质曲线的长度为 2m。需要选择最佳的比例,过长或是过短都不合适,如果比例尺设置为 1/20,那么图件过长,地质家无法看清取心段的全貌,只能看到局部的非均质性,因而不适于油藏研究。相反,如果图件过短,那么就会丢失很多信息。如果能有数据格式的图件,那么就尽量准备两种不同尺度的图件。

对参数的组合没有限制,主要取决于研究的目的。比如,理论上认为,化石类型会随着环境和相的变化而变化,那么就应当将化石图道放置在生物地层图道的旁边。在开始岩心描述和岩心曲线绘制之前,应与客户方面的专家召开启动会,因为他们是这些数据的最终使用者。对于岩心研究的不同部分,要准备不同的曲线。常规岩心曲线包括宏观和微观的岩心描述、生物地层、裂缝、储层属性。曲线中有些参数是相似的,通常包括深度、地层边界、油藏单元,以及地层年代。将某些曲线绘制在岩心曲线旁边是很有益的做法,比如,GR 曲线能够反映泥质含量,就可以为地层对比提供很好的指示作用。

最好是在输入软件之前,先利用电子表格将数据成图。很多岩心描述的成果都是用文本进行定性表示,而不是数字。这里推荐岩心描述中尽量对其定量。使用数字格式有很多好处,数据更容易赋值、转换、对比,以及汇总到统一的数据库中。岩心描述中尽量使用数字,而不要使用文本,至少要有一套二进制的记录,用数值 1 表示对应深度上有记录,数值 0 代表没有记录,那么,就可以应用这些数据来绘制岩心曲线,进而表示对应深度存在或是缺失了某些岩心宏观属性。

岩心图件上有很多表示方式,包括符号、线、点、水平条形图、存在/缺失、颜色、文本(描述)(图 4.9)。对于展示数据的方式,由分析人员决定,但也有一些被广泛接受的习惯,比如表示岩性、沉积构造,以及异常现象的符号,这些都要绘制在同一个图道内。对于测井曲线这样的连续数据,通常使用曲线表示。对于非连续型数据,或是有对比关系的数据,通常使用点来表示对比中的第二个数据集,比如比较中子测井和 RCAL 孔隙度测试的结果。水平杆状图常用于整型或是离散数值型数据,如孔隙类型、异化粒比例、数值化的相代码、岩石类型等。不推荐只使用颜色,而不使用其他特征进行区分的方式,因为很多刊物都是黑白版面的。综合颜色和水平条形图通常用于表示沉积相、电相、沉积环境,以及岩石类型等。二进制符号通常用于表示某种岩心描述参数存在与否的情况,比如缝合线、隔夹层、角砾、生物扰动、硬石膏结核等。如果这些方式都不适用,那就需要通过文本来描述了,包括岩心的颜色、溶孔孔隙度、层序界面、易碎性等。

数据的顺序从左至右或是从右至左,需要根据数据的类型和重要性确定。储层岩性对很多参数都有影响,并且,取心段都对应了独特的测井曲线。同时,测井非常重要,需要依靠测井曲线将基于岩心得到的认识推广到非取心井。第一列,同时也是最重要的一列是深度列,脱离了深度数据,所有数据都将失去意义。

岩相特征记录在微观曲线列(详见 3.2 和 3.3 部分)。为了对比储层属性,最好带有孔隙度和渗透率列。如果在常规孔隙度和渗透率曲线旁绘制出薄片研究得到的孔隙度,那么还可以识别出微孔和粒间孔。

基于完整岩心或是岩心切片得到的描述信息记录在宏观曲线列,其中还包括对岩心的特

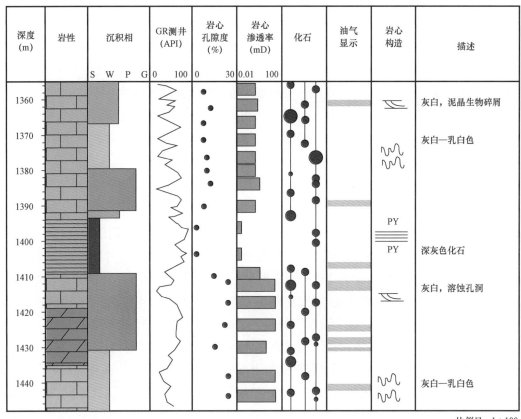

描述员：V.Tavakoli；测井准备员：M. Naderi

比例尺：1：100

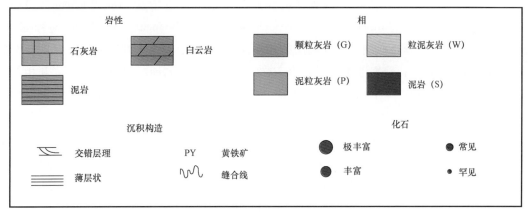

图4.9　岩心描述曲线和图例

写照片。部分微观特征也会被绘制在岩心描述曲线道中，比如，微观的岩性，其可以帮助对比宏观和微观的岩心研究结果。

　　裂缝属性信息列在裂缝曲线道。其中包括深度、岩性、孔隙度、渗透率、界面信息(层面或层序边界等)、CT扫描识别出的裂缝特征、成像测井识别出的裂缝特征、缝合线、沿层面的裂缝组，以及基于电缆测井数据(速度测井)解释得到的裂缝信息。

化石曲线道绘制了化石的出现和灭绝信息,就是化石在岩心中第一次出现和最后一次出现的位置,以及每一种化石出现的频率(半定量的)等。

储层地质曲线道中包括储层属性和相关的地质证据。如岩性、某些电缆测井数据、岩心测试的孔隙度和渗透率、孔隙类型、岩石类型,以及影响储层属性的地质参数等。利用这些曲线,连同其他相关的图件(详见6.3部分),便可解释地质特征和储层属性的对应关系。

将这些曲线信息绘制在一张连续的图件上,可有助于对比岩心、地层、储层等相关信息。有时,曲线要尽量简单,避免将所有信息都绘制到图上,太多的信息有时会在应用和解释时迷惑用户,尽量只将有用的信息绘制出来。

4.5 层序地层和储层分区

集成并解释了宏观和微观数据之后,就可以应用这些信息来重建井间的属性,此时就需要建立一个恰当的格架。这个格架要符合地质概念,满足等时地层特征,并能够反应储层的边界,层序地层学是建立地层格架的基础。层序地层考虑的是等时地层格架内的、具有成因关联性的地层单元。具有成因关联性的地层,在相同的物理、化学、生物条件下沉积,因此具有相同的相属性和相近的成岩历史。这个分支学科是为了确定储层的边界,在这项技术提出之前,石油地质学家就已经认识到,岩性和生物地层边界并不完全适用于储层的分区,他们认为,这种等时地层边界更能够圈定具有相同储层性质的岩石和相。具有相同海平面环境的岩石具有相同的成因条件和基本特征。相似的相特征会导致相同的流体流动特征,因此也就具有相同的成因过程。但有些成岩作用,如裂缝等,是不完全一致的。

由于层序地层概念的特点,其成为研究储层分区最有效的方法(van Buchem等,1996;Martin等,1997;Angulo和Buatois,2012;Enayati – Bidgoli和Rahimpour – Bonab,2016;Tavakoli,2017)。通过研究,一套目标层将依据储层的孔渗性质,被细分为若干的区和层。在同一个储层分区中,储层的流动和储集性质相同。由于层序地层单元内的地层具有成因关联和相似的沉积属性,其也就势必具有了相似的储层性质。因此,这些储层单元可以很好地指示油藏的动态特征。由于成岩作用的影响,也会发生一定的改变。

相对海平面变化是沉积物供给(S)和可容空间变化(A)相互作用的结果。可容空间的增加导致相向陆地方向的迁移(退积),增加沉积物的供给(硅质碎屑岩)或是增加沉积物的生成(碳酸盐岩)会导致相向海平面的迁移(进积)。有时S与A的速率是一致的,那么沉积物将垂向累积(加积)。在某一种S与A的相互作用下沉积物的沉积形态称为一种叠置模式。通常,退积形成向上变细的旋回,进积形成向上变粗的旋回。

讨论层序地层的概念不是本书的重点,但介绍一些基本概念可以帮助更好地理解其目标。通常,石油工业中有三种常用的层序模式。第一种是由Embry和Johannessen(1992)提出的发育两个体系域。体系域指在海平面变化的某个阶段,沉积的一套具有成因联系的地层(Posamentier等,1988)。在他们的定义中,一套完整的层序由一个海退体系域(RST)和一个海侵体系域构成(TST)。这个模式称为T – R层序模式。当沉积环境中的S作用大于A作用时,沉积物向海进积,形成 RST,表现为向上变粗的旋回。其中,最浅的相代表了层序边界(SB),最深的相代表了相向陆地方向最大的沉积位置(最大洪泛面,MFS)。在该方法中,确定层序界面非常简单,可以看到两种不同叠置模式的旋回。第二种层序模式由 Exxon 公司的学者提出(van Wagoner 等,1988,1990;Posamentier 等,1988),这个模式称为 Exxon 模式。在该模式中,T－R模式中的海退部分被劈分为两个体系域,一个是低位体系域(LST),另一个是高位体系域(HST)。其中,LST 为海平面开始上阶段时的沉积物,对应于不整合面及其相关的整合面。这些界面表示海平面处于最低位置,也就是层序边界。在这个模式中,LST 上部为 TST,下部为上一个层序的 HST。HST 的下部边界是 MFS,上部的接触边界是 SB。需要注意的是,LST 和 HST 的叠置模式都是进积型,但二者之间被不整合面所分隔。第三种模式是由 Hunt 和 Tucker(1992)提出的,其将 Exxon 模式中的 HST 又划分为两个体系域 HST 和 FRST(强制海退体系域)或是 FSST(海退体系域),FRST 对应的沉积过程从相对海平面开始下降起始,到下一次海平面开始上升结束。事实上,大部分时候,这个过程对应一次剥蚀的过程。重申一下,LST、HST、FRST 具有相同的叠置模式。由于在 FRST 阶段,大部分盆地中都没有沉积物沉积,因此在第三种模式中,区分 HST 和 FRST 并不容易(图 4.10)。

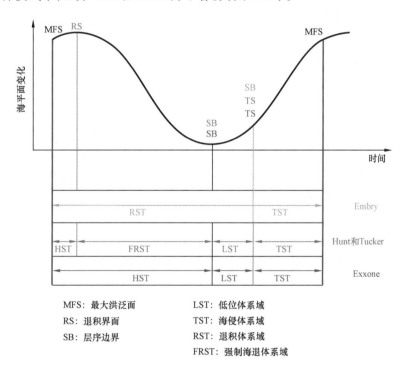

图 4.10　层序地层模式的对比

这里的关键问题是,哪种模式更适用于储层进行分区研究。不同的情况不一样,比如,在深海地层中,Embry 的模式更加适用,因为没有足够的证据来细分其他的 ST。如果在一个碳酸盐岩缓坡环境中,有高分辨率地震资料、岩心资料、测井资料,那么 Hunt 和 Tucker 的模式最好。在前面一种情况中,没有足够的相变和储层质量的变化来区分四种 ST,但在后一种情况下,在 FRST 中形成的碳酸盐岩的喀斯特作用非常重要。但大部分时候,T－R 和 Exxon 模式的适用场景更多。

4.6 宏观不确定性

宏观描述的质量完全取决于地质家的经验。经过训练,可以正确地识别出很多参数,但对于初学者就很困难。在表格中记录数据,并将其导入软件中,形成最终的曲线,这个过程中常会出现很多困难。最终的解释还要取决于地质家的经验。比如,向上变细的层序在不同的沉积环境中形成。汇总微观和宏观数据,从而得到一个合理的层序地层和储层分区解释并非易事。宏观描述通常是地质岩心描述的最后一步,要集成所有的数据来理解那些影响储层动态特征的地质信息。

参 考 文 献

Angulo S, Buatois LA (2012) Integrating depositional models, ichnology, and sequence stratigraphy in reservoir characterization: the middle member of the Devonian – Carboniferous Bakken formation of subsurface southeastern Saskatchewan revisited. AAPG Bull 96:1017 – 1043.

Bebout DG, Loucks RG (1984) Handbook for logging carbonate rocks. Bureau of Economic Geology, Texas.

Embry AF, Johannessen EP (1992) T－R sequence stratigraphy, facies analysis and reservoir distribution in the uppermost Triassic – Lower Jurassic succession, Western Sverdrup Basin, Arctic Canada. In: Vorren TO, Bergsager E, Dahl – Stamnes OA, Holter E, Johansen B, Lie E, Lund TB (eds) Arctic geology and petroleum potential. Special Publication 2, Norwegian Petroleum Society, pp 121 – 146.

Enayati – Bidgoli AH, Rahimpour – Bonab H (2016) A geological based reservoir zonation scheme in a sequence stratigraphic framework: a case study from the Permo – Triassic gas reservoirs, offshore Iran. Mar Petrol Geol 73: 36 – 58.

Frey RW (1973) Concepts in the study of biogenic sedimentary structures. J Sediment Petrol 43:6 – 19.

Hunt D, Tucker ME (1992) Stranded parasequences and the forced regressive wedge systems tract: deposition during base – level fall. Sed Geol 81:1 – 9.

Knaust D (2017) Atlas of trace fossils in well core – appearance, taxonomy and interpretation. Springer International Publishing, Cham.

Lorenz JC, Cooper SP (2018) Atlas of natural and induced fractures in core. Wiley, Hoboken Martin AJ, Solomon ST, Hartmann DJ (1997) Characterization of petrophysical flow units in carbonate reservoirs. AAPG Bull 81:734 – 759.

Nelson RA (2001) Geological analysis of naturally fractured reservoirs. Gulf Professional Publishing, Boston.

Posamentier HW, Jervey MT, Vail PR (1988) Eustatic controls on clastic deposition, I. Conceptual framework. In: Wilgus CK, Hastings BS, Kendall C, Posamentier HW, Ross CA, Van Wagoner JC (eds) Sea – level changes—an integrated approach. Society of Economic Paleontologists and Mineralogists Special Publication, vol 42, pp 109 – 124.

Tavakoli V (2017) Application of gamma deviation log (GDL) in sequence stratigraphy of carbonate strata, an example from offshore Persian Gulf Iran. J Petrol Sci Eng 156:868 – 876.

van Buchem FSP, Razin F, Homewood PW, Philip JM, Eberli GP, Platel JP, Roger J, Eschard R, Desaubliaux

GMJ, Boisseau T, Leduc JP, Labourdette R, Cantaloube S (1996) High resolution sequence stratigraphy of the Natih formation (Cenomanian/Turonian) in Northern Oman: distribution of source rocks and reservoir facies. Geo-Arabia 1:65 – 91.

van Wagoner JC, Posamentier HW, Mitchum RM, Vail PR, Sarg JF, Loutit TS, Hardenbol J (1988) An overview of the fundamentals of sequence stratigraphy and key definitions. In: Wilgus CK, Hastings BS, Kendall C, Posamentier HW, Ross CA, Van Wagoner JC (eds) Sea – level changes—an integrated approach. Society of Economic Paleontologists and Mineralogists Special Publication, vol 42, 39 – 45.

van Wagoner JC, Mitchum RM, Campion KM, Rahmanian VD (1990) Siliciclastic sequence stratigraphy in well logs, cores and outcrops. American Association of Petroleum Geologists Methods in Exploration Series, vol 7, 45.

第5章　地球化学分析

岩心分析中还会涉及无机地球化学分析,包括碳氧同位素、锶同位素、元素浓度等。在同位素分析中,还要测试重质同位素与轻质同位素的比例,并将其与标准结果进行对比。如果样品的重质同位素较多,则其结果为正值,如果样品的轻质同位素较多,则其为负值。样品中这些比值的变化具有重要的指示作用,比如,在有机质中,这些比值会向负向偏移。在层序地层分析和储层分区中,都需要碳氧同位素信息。大陆和地幔中锶同位素向海洋的输入平衡,决定了海洋中锶同位素的变化,从而可以确定海平面升降曲线的绝对年龄和变化趋势。岩石的元素分析也可提供重要的信息,包括解释古沉积环境的条件、指导地层对比、沉积相划分、物源分析、气候变化速率分析等。近些年,铀同位素也引起了大批学者的兴趣,该参数可通过伽马能谱测井得到,通过铀同位素分布的分析,可以了解地层的剥蚀速率、氧化条件、原始矿物成分等。地球化学分析中,样品的选择非常重要,最终的结果严重依赖于样品的类型、采样的距离,以及分析过程中的质量控制,这些相关问题要在开展分析和应用结果之前就给予足够的考虑。

5.1　样品选择

地球化学实验样品的选择控制了最终数据的质量。大部分时候,样品的质量主要取决于项目的预算。开展地球化学测试的样品数通常远低于开展岩心柱塞和薄片实验的样品数。样品一定要对研究的目的层段具有代表性,而不能是特殊现象。因此,要在优势相或岩性中选择样品。如果对某个特殊的层段有兴趣,那么至少在目的层段选择三块以上的样品进行实验。如果只选择一块样品,那就无法知道实验结果的可靠性,反倒会增加研究的不确定性。

另一个关键的因素是是否有充足的时间和可用的样品。大部分时候,同位素分析不需要太大的样品,但要考虑井数的影响。样品的间隔最好在 1 ~ 2m,但不强制均匀取样。在目标区,如地层边界或是不整合面附近,要增加取样密度。比如,在二叠系—三叠系剖面的研究中,就缩小了边界附近的取样间隔。开展同位素分析的一个重点是样品必须是自生的,这对于大部分的碳酸盐岩是没有问题的,但对于硅质碎屑岩,其大部分为陆相的,碎屑颗粒的同位素组分只表示其形成条件,而不能用于环境解释。因此,要避免在砾石或是角砾上取样。后生作用也会改变岩石的同位素组成,这一点在碳酸盐岩中尤为明显。

可以对整块岩石进行分析,也可以对某些特殊的部分进行选择性分析。对整块岩石进行分析时,由于大部分时候数量很少,从而无法识别出样品的非均质性。更好的方式是使用微钻孔或是镭射显微镜。使用镭射显微镜可以检测单一壳体或是胶结物的同位素分区。使用这些先进的技术,就可以分析那些代表原生条件的稳定矿物了。

实验室要提供样品的岩相和宏观属性,这些属性对于未来的解释工作非常有益。要使用统一的代码标记样品,包括岩心编号、柱塞编号、样品的方向和深度等。样品应在岩心中心未受损的位置获取,保证取心流体、清洁流体,以及实验室的相关处理过程(如钻取柱塞)都对取样位置的影响很小。

即便进行了所有的处理,大部分时候数据中还是会出现异常点,尤其是在非均质地层中。造成这种异常有很多原因,首先,这有可能是错误的数据,从而导致了趋势的改变。对于这种数据,应经过考虑后予以忽略。样品点的地质属性一定要仔细评估,并与同一油田,以及其他油田或剖面,甚至是世界其他地区的剖面,对应时间段的样品进行对比。其次,基于笔者的经验,地质变化总是表现出一定的趋势。换句话说,突变的现象是极少见的。因此,将突变点数据与邻近点数据进行对比,也会发现其异常的变化。最后,大部分时候,数据的趋势都是可以解释的,数据不会是统一一个数值,其变化总是清晰且深刻地反映了沉积条件的变化。

5.2　同位素

具有相同原子数、不同原子质量的同一元素中的两种原子称为同位素。同位素质量的不同是由于原子核中不同的中子数造成的。"Isotope"(同位素)是一个希腊词汇,表示元素周期表中的相同位置。稳定同位素的原子核不会自然衰变,相对于地球年龄,其保持稳定。每种元素都有不同类型的同位素,与其原子核内中子的数量有关。比如,碳有两种自然稳定的同位素,^{12}C 和 ^{13}C。自然界中,大部分为 ^{12}C,占 98.93%(Rosman 和 Taylor,1998)。自然界中,同位素会分为两种物质,或是一种物质的两种相态。研究过程将确定同位素比例,其在地球化学研究中发挥了重要的作用。通常,轻质同位素由于其较低的质量而更具有易变性。可以观察到,轻质同位素比对应的重质同位素的运动更容易。轻质同位素具有更高的共振频率,因此,在较低能量情况下,轻质同位素的键更易断裂。这也是为什么生物体在关键的生命活动中,总是倾向于破坏轻质同位素。

测量每种同位素的绝对量很困难。因此,通常监测的是重质同位素与轻质同位素的比值,然后将其与参考物质进行对比。同位素的丰度表示为待研究物质同位素比值与国际标准同位素比值之间的比例关系。用符号 δ 表示二者的差异(式 5.1)。

$$\delta_A = (R_a/R_{st}) - 1 \tag{5.1}$$

式中　δ_A——待研究物质的丰度;

　　　R_a——待研究物质的重质同位素与轻质同位素的比值;

　　　R_{st}——标准物质的重质同位素与轻质同位素的比值。

因此,$\delta^{13}C$ 就表示待研究物质中,^{13}C 与 ^{12}C 的比值与标准物质同位素比值的比例。δ 是一个无量纲数,通常乘以 1000,然后表示为每毫升中的千分比。因为重质同位素是分子,因此,当物质中有重质同位素时,δ 是正数,而当样品采自轻质同位素物质时,δ 是负数。后者常见于生物体样本中。

不同时代中,海水中的同位素组成决定了其内沉积物中同位素的组成(参加 Veizer,1989;Veizer 等,1999)。将沉积物中的同位素与其同时代的对应层段的数值进行对比,可以反映岩石的成岩动态。

5.2.1 碳同位素

同位素的比例通过同位素质谱仪(IRMS)测得。常使用 CO_2 和 CO 气体进行碳同位素分析。显然,样品必须包含碳元素才能满足对同位素比例的测量。碳同位素分析不能使用纯的石英砂岩,因其中只含有硅和氧两种元素。大部分时候,总是会有一些物质中含有碳元素。将碳酸盐岩与纯磷酸反应生成 CO_2,然后测量 CO_2 中的碳同位素比例。

测量的同位素比例需要进行比较,因此需要一套国际公认的标准。维也纳皮迪河箭石(VPDB)是最著名的碳酸盐岩同位素比例标准。该标准是 19 世纪 50 年代早期芝加哥大学选用的,基于白垩系皮迪河地层中的箭石建立的同位素比例标准。

世界上有两种主要的碳酸盐岩来源,一个是生物成因的碳酸盐岩,一个是沉积成因的碳酸盐岩。两种主要的成因机理决定了两种不同成因碳酸盐岩中的同位素比例结果。第一种主要受有机质的生命活动影响,如前面所说的,碳酸盐岩中的轻质同位素具有较高的共振频率,因此与其他元素形成的化学键较弱,这种化学键不需要很大的力就会发生断裂。生命有机质更倾向于打断轻质同位素,从而获得碳元素来维持新陈代谢。因此,有机物质包含的轻质同位素更多,δ 值偏负。同时,大气中的 CO_2 和溶解的碳酸氢盐与固结的碳酸钙反应,会浓缩岩石中的重质碳同位素。温度是另一个降低同位素比例的因素,通常认为,温度每升高 1℃,碳同位素比例下降 0.035‰(Grossman,1984;Emrich 等,1970)。因此,温度对碳同位素比例具有负向影响。在之前的碳酸盐岩储层中,都有确定的碳同位素比值的范围(图 5.1)。

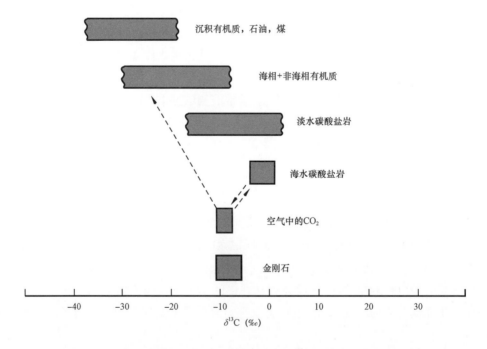

图 5.1　一些主要碳酸盐岩储层中的碳同位素($\delta^{13}C$)比值(引自 Hoefs,2009)

通常,碳酸盐岩贝壳中的 $\delta^{13}C$ 随水深变化而变化(Kroopnick,1985;Berger 和 Vincent,1986)。随着深度的增加,生物活动性降低。在透光的浅水区,生物产量较高,进而会降低水中的 ^{12}C 同位素的比例。浅水中残余的壳体内,^{13}C 同位素的比例升高。这个影响作用会随水深的增加而降低。很多研究都试图基于这个梯度变化来计算水深与变温层厚度的关系(Srinivasan 和 Sinha,1998;Tiwari 等,2015)。

碳同位素的研究成果常用于层序地层学和储层分区研究中。在海侵体系域中,陆架的大部分被水覆盖,透光区大量增加,从而生物活动性随之增加。大量的碳酸盐岩贝壳在海侵过程中沉积并埋藏,从而海水中的 ^{13}C 同位素富集(Holmden 等,1998;Immenhauser 等,2003;Swart 和 Eberli,2005;Huck 等,2013)。在海退旋回中,早期的沉积物会被剥蚀,或至少不会完全沉积,因此沉积物常具有较轻的碳同位素和负向偏移的 $\delta^{13}C$。以二叠系—三叠系的交界面为例,关于生物灭绝的原因和海平面的变化仍有很多争议,但很多研究都认为,海平面的下降和生物灭绝现象导致了边界上碳同位素值的负向偏移(Tavakoli 等,2018,以及其书中的参考文献),因带有轻质碳同位素组分的生物体大量灭绝。海退过程中,早期带有负值的碳同位素被剥蚀,进一步加强了碳同位素的负向偏移。此外,还要考虑大气中 CO_2 的影响,其将会改变碳在储层中的平衡。

所有的研究中还要考虑成岩作用的影响。成岩作用在沉积后改变了岩石中的同位素组成,此时,最终的同位素比值不能很好地指示当时的沉积环境。碳酸盐岩的稳定性是另一个重要的因素,最早沉积的碳酸盐岩是文石和高镁方解石,之后再在成岩过程中转化为低镁方解石。这个转化与其他因素共同发挥作用也会造成岩石中同位素组成的显著变化,这个影响大多数时候是可以忽略不计的,因为主要的成岩作用都以水为介质,而水中没有或仅有少量的碳元素。大部分的成岩作用在岩石中发生得都很缓慢,因此通常不会改变沉积物中碳同位素的组成。其中一个例外是近地表的剥蚀作用,生物物质的衰退会产生大量的低碳同位素比的 CO_2,CO_2 与水结合的产物会与早期沉积的碳酸盐岩发生反应,反应产物是带有较低 $\delta^{13}C$ 的低镁方解石(图 5.2)。当有足够的相和古生物数据时,这种偏移与氧同位素的负向偏移一起,就可以用于识别海平面的下降历史。

5.2.2 氧同位素

所有同位素研究的基本原则都相同,尤其是氧同位素和碳同位素的研究原则更加相似。大部分时候,两者都是同步研究的。碳氧同位素的研究都可以基于样本中排出的 CO_2 进行研究。氧是地球上最常见的元素,在大部分的碳酸盐岩和硅质碎屑岩中都能找到。因此,其是地质同位素研究中最常用元素。常见的氧同位素包括 ^{16}O(99.757%)、^{17}O(0.038%)、^{18}O(0.205%)(Rosman 和 Taylor,1998)。最轻的氧同位素是 ^{16}O,最重的氧同位素是 ^{18}O,这两者是比例相对较多的同位素,因此其比例通常可以测定,同时,二者的质量相差较大,因而也相对容易测量。

通过氟化作用,可以将硅酸盐和氧化物中的氧同位素释放出来。对于某些混合物,也可以使用碳还原反应在高温下将氧同位素分解出来。碳酸盐岩中测试氧同位素比的过程与测试碳

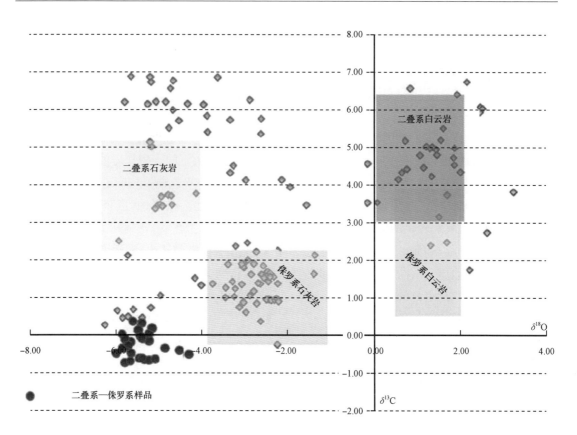

图 5.2 在西特提斯区二叠系—侏罗系的转化带上,碳氧同位素比值向负方向偏移(Tavakoli 等,2018)

同位素比的过程一致(参见 5.2.1 部分)。计算 $\delta^{18}O$ 的标准有两套,分别为 VPDB(维也纳皮迪河箭石)和 VSMOW(维也纳标准平均海水)。两个标准的准换关系见式 5.2 和式 5.3(Hoefs,2009):

$$\delta^{18}O(VSMOW) = 1.03091\delta^{18}O(VPDB) + 30.91 \tag{5.2}$$

和

$$\delta^{18}O(VPDB) = 0.97002\delta^{18}O(VSMOW) - 29.98 \tag{5.3}$$

氧同位素的分布规则符合通用的同位素分配规则。液态水和蒸汽中的同位素比例是解释氧同位素在沉积岩中变化的基础。大气淡水中氧同位素的组分主要受雷利比例的控制。水从赤道位置蒸发,之后在不同的维度沉降。水蒸气中包含较多的轻质同位素,蒸汽的凝结和沉降会使滞留在蒸汽中的轻质同位素(^{16}O)富集。很显然,如果按照 VSMOW 标准,来自赤道位置的大气淡水,其中的 $\delta^{18}O$ 为负值,并随维度的增加,负向的趋势随之增强。土壤中的腐蚀有机质,由于生物体生命活动的影响,其 $\delta^{18}O$ 为负值。因此,大气淡水流过土壤和沉积物后,会进一步加强 δ 值的负向趋势。

自然界中,氧元素主要存在于岩石和水中(图 5.3)。碳酸盐岩和海水中的氧同位素的比例受相的变化和温度的影响。McCrea(1950)建立了第一个针对非生物碳酸盐岩的 $\delta^{18}O$ 与沉积环境古温度的经验公式。Epsten 等(1953)基于软体动物壳体,提出了关于有机碳的方程,后续研究对该方程进行了数次的细化。Erez 和 Luz(1983)提出了碳酸盐岩中温度的计算方程(式5.4):

$$T = 17 - 4.52(\delta^{18}Oc - \delta^{18}Ow) + 0.03(\delta^{18}Oc - \delta^{18}Ow)^2 \qquad (5.4)$$

式中　T——温度,℃;

$\delta^{18}Oc$——碳酸盐岩中的碳同位素比值(与标准值的比);

$\delta^{18}Ow$——水中的碳同位素比值(与标准值的比)。

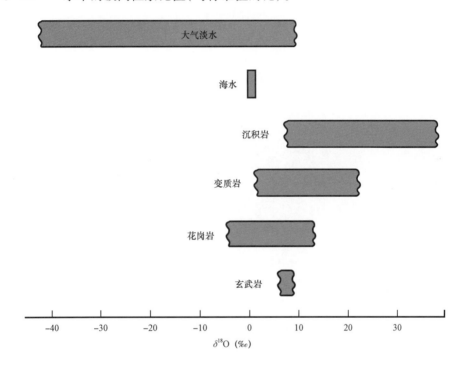

图5.3　一些重要氧化环境储层中的氧同位素($\delta^{18}O$)比值(引自 Hoefs,2009,有修改)

在进行温度计算时,要综合考虑不同的因素。成岩作用会改变亚稳相碳酸盐岩(包括文石和高镁方解石)中同位素的组成,水是氧同位素的主要载体,因此水将显著改变岩石中氧同位素的组成。综合碳氧同位素的变化可以推断样品的成岩环境(海洋环境、大气淡水环境、埋藏环境)。生命活动的影响是另一个重要因素。壳体生物的壳体中的同位素要与其形成的海水环境平衡。因此,测试目标应选择那些可以忽略或没有生命活动影响的样品(如腕足类动物)。目前已经开展了大量关于生命活动影响的研究(Wefer 和 Berger,1991)。

在冰期和暖期,同位素的组成也会发生变化。在寒冷的冰期,冰盖扩散,轻质氧同位素会被锁在冰层中,导致水中的重质同位素增加。同时,通过研究氧同位素的变化,还可以确定由于气候变化导致的全球海平面的波动特征。

5.2.3　锶同位素

锶元素具有4种同位素,包括[84]Sr(0.56%)、[86]Sr(9.87%)、[87]Sr(7.04%)、[88]Sr(82.53%),

其中⁸⁷Sr 是由⁸⁷Rb 衰变形成的。⁸⁷Sr/⁸⁶Sr 比值常用于低温同位素地球化学研究。由于⁸⁷Sr 源于⁸⁷Rb 的衰变,随着地球形成时间的延长,⁸⁷Sr 随之增加。通过分析海洋自生碳酸盐岩中的⁸⁷Sr/⁸⁶Sr,可以确定不同地质时代的海水中 Sr 同位素的组成。显生宙时期的⁸⁷Sr/⁸⁶Sr 已经被精确地确定了(McArthur 等,2001)。⁸⁷Sr 从地幔到洋壳中连续变化,并且在陆壳中相对富集。进入海洋的⁸⁷Sr 主要有三个来源,一是来自陆架的风化和搬运,二是来自大洋中脊,三是海洋碳酸盐岩的溶解和沉淀。由于地幔和陆壳中的⁸⁷Sr/⁸⁶Sr 可作为三角图中的两个端元(图 5.4),Sr 比值的变化就可以表示出地球构造演化的过程。

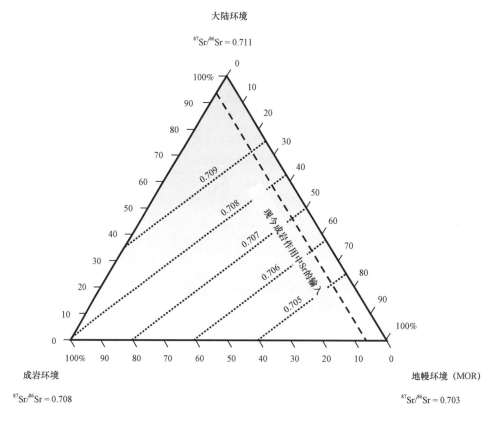

图 5.4　不同海水中锶同位素的比值(点线表示海水中的锶同位素,段线表示
由现今成岩环境输入海水中的锶同位素的量,引自 Wiezbowski,2013)

Sr 在海洋中具有极长的滞留时间[(2~5)×10⁶ 年]。海水的混合时间约为 1000 年,因此,在相对较短的时间内,海水中 Sr 的比主要受 Sr 输入量的控制(Veizer,1989;McArthur,2007;McArthur 等,2012)。在每个时期,Sr 都可作为风化的指标。地幔中的 Sr 比值为 0.7035,地壳中的 Sr 比值为 0.7119(Palmer 和 Elderfield,1985)。Sr 比值的增加代表了大陆的剥蚀和物质向海洋的输入。这个剥蚀通常源于气候和构造的变化。较高的构造运动强度会导致更强的剥蚀和更高的 Sr 比值。高温干旱条件和较强的降雨也具有同样的影响。早期沉积的碳酸盐岩的溶解和重结晶也会改变海水中的 Sr 比值。

^{87}Sr/^{86}Sr 可用于测定绝对年龄(锶同位素地层,SIS)。现今海水中的比值为 0.709241(El-derfield,1986),该比值在每个地质历史时期会发生变化。Sr 会进入碳酸盐岩矿物中(主要是文石),代替其中的钙。磷酸盐和蒸发岩中也包含不同量的 Sr。将保存完好的样品中的 ^{87}Sr/^{86}Sr 与标准刻度曲线对比,就可以确定出样品的绝对年龄(可参考 McArthur,2012 的文献)。计算结果的准确度取决于样品的质量、分析的精度,以及曲线的斜率。样品要尽量选择那些没有受过成岩作用影响的样品,次生过程会改变岩石中的同位素组成,从而导致测量结果不能代表样品的真实年龄。泥质支撑的碳酸盐岩通常经历的成岩作用较差,因此更适于岩石分析。如果能够进行微钻孔或是激光显微镜分析,低镁碳酸钙是更好的选择。计算曲线的斜率代表了 Sr 同位素的变化速度,也是影响精度的重要的因素。较好的分析结果需要更加精确的计算曲线,需要具有足够大的斜率,早侏罗世、晚白垩世、晚古生代至目前,这几个阶段的样品较好。Sr 同位素定年的精度在 0.1Ma(McArthur 等,2012)。Sr 同位素的比值还常用于化学地层分析、全球等时地层统层等。SIS 还会用于计算地层缺失的时间、计算地层的沉积速率等。

岩石的 Sr 同位素比值在大气淡水成岩阶段会发生变化。如前所述,陆相岩石具有较高的 Sr 比值。因此,当水和岩石发生反应时,大气淡水会增加 Sr 同位素的比值。在进行测量之前,要首先确定成岩作用对样品的影响,主要依靠岩相观察、地球化学分析、阴极发光,以及染色技术等。具有低镁方解石壳体的腕足类生物或是牡蛎等,更适于进行 Sr 同位素测量。对比岩样与同时代标准样品的 Sr 同位素,就可以确定岩样的绝对年龄。采用同样的对比方法,也可以追踪岩样的次生变化及其相关的成岩环境。生物活动对 Sr 同位素具有重要影响,因此也可用于指示成岩作用的变化过程。^{87}Sr/^{86}Sr 还常用于确定白云石化的时间、确定胶结成岩的起始时间、区分海相和非海相沉积、估计沉积矿物的来源和时间,以及地下水的研究等。

5.3　元素分析

岩石的特点影响了其采样、测试,以及后续对元素分析结果的解释。碳酸盐岩与碎屑岩从元素分析角度看完全不同,陆相岩石的化学组成主要取决于母岩,碳酸盐岩沉积后,其性质受到成岩作用的重大影响。因此,两种岩石的组成反映了两种不同的环境,这一点在分析和解释中需要格外注意。

有很多对地质样品元素的分析方法,包括电感耦合等离子体发射光谱仪(ICP－OES)、电感耦合等离子体质谱仪(ICP－MS)、X 射线荧光光谱仪(XRF)、原子吸收光谱仪(AAS)、火花源质谱仪(SSMS)、中子活化分析(INAA 或 RNAA)、激光诱导击穿光谱仪(LIBS)、电子显微镜分析、地球化学测井(参见 Craigie,2018)。所有这些方法都可以确定样品中元素的类型和数量。在开始解释之前,需要对数据质量进行控制,并准备一张化学地层曲线。将元素的浓度与岩性、相、岩石类型,以及其他需要分析的数据进行交会分析,从而建立元素变化与岩石属性的关系。有些时候,颗粒粒度的分布控制了元素的变化(Craigie,2018),矿物的密度控制了重矿物和轻质矿物的分布,进而也控制了岩石样品的整体地球化学属性(Lahijani 和 Tavakoli,2012)。有机质和黏土可能会携带某些特殊的元素,比如当有机质和泥质含量增加时,常会伴随较高的铀含量(Spirakis,1996;Fiet 和 Gorin,2000),在文石中,钙元素常被锶元素所取代。较强的成岩作用会影响岩石元素的组成,尤其在碳酸盐岩中表现更加明显。白云石化作用增加了岩石中镁元素的含量,但这个变化并不代表沉积环境,基于沉积环境解释这种变化都是不合适的。绘制每个地质参数(如有机质含量、砂质含量、泥质含量、白云石化比例、相代码等)与元素含量的交会图,进而来研究二者之间的关系(Tavakoli 和 Rahimpour – Bonab,2012),多数情况下,交会图都能够反映出这些变化的成因(图 5.5)。

元素分析数据可以为地层对比提供有力的工具(Ramkumar,2015),在缺少古生物数据时,元素分析数据变得尤为重要,比如在深海沉积中,元素浓度的变化及其趋势常与其他来自岩心的数据一起,精确地对比地层,确定油藏边界、层序界面、不整合面等。地层对比的成果常用于指导储层分区和三维地质建模。

元素的浓度有时也会用于划分岩相。比如,Blatt 等(1927)使用 Na、Fe + Mg、K 三类元素的三角图对砂岩进行分类。使用元素浓度区分岩性和相并不是地球化学的常规工作,因为相对而言,岩相数据更加便宜,也更加有效。

不同的元素比例可以用于判断沉积物源(通常为 Na、K、Zr、Th、Nb)。该方法更适用于碎屑岩,而碳酸盐岩多数为原地沉积,因此并不适用。具体使用哪个元素比例或绝对值,主要取决于岩石的属性、物源的属性,以及前期研究的成果。比如,Ca、Na、K 的含量及其比例常用于识别钠长石—钙长石—正长石系列(常用于分析母岩为火成岩的样品)。但对于碳酸盐岩样品,分析方法完全不同,Na 和 K 是碳酸盐岩—蒸发岩地层中蒸发环境的证据。随着蒸发速率的提高,Ca、Na、K 的蒸发岩逐次沉积。

元素的浓度也可用于推断沉积环境。氧化还原电位和 pH 值也是沉积环境中的重要参数。较高的 Mo、Cu、Co、Ni、Zn、Cr、U、V 浓度,通常代表缺氧环境(Wedepohl,1971;McLennan,2001),常沉积深色矿物,如黄铁矿等,较高的总有机碳是这类环境中的重要研究目标(Craigie,2018)。

风化速率代表了沉积时期的气候条件,这通常与不整合面相关。通常使用碱金属(Na、Ca、K、Mg)以及 Al 作为风化指数(Craigie,2018)。基于大量观察数据,已有不同的风化指数来定量衡量母岩对风化作用的影响。Reiche(1943)第一次提出了相关概念,他对比了可动阳离子与羟基溶液和二氧化硅含量之间的关系。Miura(1973)基于 3 价铁和 2 价铁的活动性,提出了另一种指数。Nesbitt 和 Young(1982)提出了修正的 *CIA* 化学指数,见式(5.5):

$$CIA = Al/(Al + Ca^* + Na + K) \tag{5.5}$$

式中 Ca^*——硅质碎屑岩中钙的含量。

Ca、Na、K 在长石矿物化学风化过程中被释放出来,从而导致较高的 Al 浓度和 *CIA* 指数增加。风化指数(*WI*)(Retallack,1997;Pearce 等,2005)的计算式如下:

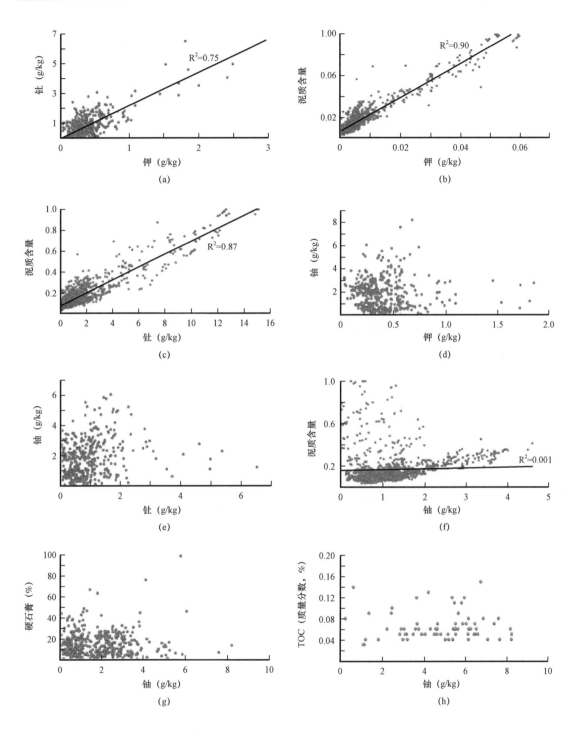

图5.5　波斯湾晚二叠世—早侏罗世碳酸盐岩样品中不同参数交会图,(a~c)钍、钾、泥质含量
之间表现出较强的相关性,(d~f)铀与上述参数无相关性,(g,h)硬石膏和TOC的含量
也与铀的含量无关(引自 Tavakoli 和 Rahimpour – bonab,2012)

$$WI = Al/(Ca + Mg + Na + K) \tag{5.6}$$

其中,Mg 和 Ca 来自硅质碎屑矿物。两个指数都反映了风化的强度。研究中,还要考虑颗粒粒度、母岩、特殊矿物的影响。

铀等元素的渗滤也是近地表暴露和风化的指示。铀元素在氧化环境中易于发生移动,极易从暴露面中渗滤出来,并富集在下部层段中(详见 5.4 部分)。

5.4 铀元素地球化学

近些年,铀同位素引起了大量的关注,因其在油气井的 GR 能谱测井中得到了广泛的应用。自然伽马探测器计量了钍(Th)、钾(K)、铀(U)元素的含量。工具的分辨率约为 15cm,因此可用于更深入的研究。在这三种元素中,铀具有特殊的地球化学性质和特征。手持式 GR 能谱测井也常用于地质领域。测量的机理和结果与井下仪器一致。成果曲线对于地层对比工作十分有益。K 和 Th 通常来自土壤,代表了来自陆地的物源,但 U 具有更加复杂的历史。在硅质碎屑岩中,U 通常与泥岩和重矿物相关,尤其是锆石、磷灰石,以及独居石。在碳酸盐岩中,很多因素都会影响铀元素的浓度,包括氧化环境、渗滤、有机质(OM)、黏土含量等。碳酸盐岩矿物的类型和丰度,以及地层水的矿化度等也会影响铀元素空间和时间上的分布(Yang 等,2015)。U^{6+} 比 U 的其他状态更具活动性,在氧化环境中,U^{4+} 常被氧化为 U^{6+},但仍以铀酰(UO_2^{2+})的形式存在于水溶液中。土壤表面,有机质、黏土、碳酸盐岩矿物、金属氧化物都会吸附 U^{6+},从而形成铀的复合体。相对地,Th 不受氧化还原条件的影响,因此,两种元素的比值就可以用于古沉积环境的解释工作。

Th 和 K 来自陆相岩石的风化,并在细粒岩石中富集,因此,大部分时候 Th 和 K 的含量与泥质含量具有良好的相关性。K 的化学过程在前面章节中已经讨论过了。

在缺氧环境中,U^{6+} 被还原为 U^{4+},并以铀酸盐(UO_2)的形式发生沉淀(Wignall 和 Twitchett,1996)。因此,缺氧环境中的沉积物具有更高的铀酸盐含量。在氧化环境中,可动的 U^{6+} 将溶解在水中。在晚二叠世缺氧环境到早三叠世氧化环境的变化研究中就应用了该方法(Ehrenberg 等,2008;Tavakoli 和 Rahimpour – Bonab,2012)。缺氧环境适于烃源岩的沉积,同时,也适于页岩油和页岩气等非常规储层的沉积。

如果氧气或含氧的水注入了早期沉积的地层中,那么 U 会发生活化作用(Naderi – Khujin 等,2016),铀元素会发生渗滤并进入到下部地层中,从而在地层中形成铀元素的尖峰。这个尖峰可以很好地指示不整合面的位置,尤其是缺失其他数据的时候尤其管用。

初始的碳酸盐岩矿物主要是文石和方解石。铀酰和 Sr^{2+} 的离子半径比钙的离子半径大,因此 U 和 Sr 常富集在欠稳定的文石矿物中。进而,可以通过 U 和 Sr 的含量来确定初始的碳酸盐岩矿物特征。已有学者基于 Sr 的变化,来研究碳酸盐岩中从文石向方解石地层的演变(Heydari 等,2013;Tavakoli,2016)。U 也可以用于该类研究,但该方向尚处于起步阶段。

参 考 文 献

Berger WH, Vincent E (1986) Deep – sea carbonates: reading the carbon isotope signal. Geol Rundsch 75:249 – 269.

Blatt H, Middleton G, Murray R (1972) Origin of sedimentary rocks. Prentice Hall, New Jersey.

CraigieN (2018) Principles of elemental chemostratigraphy. Springer, Cham.

Ehrenberg SN, Svana TA, Swart PK (2008) Uranium depletion across the Permian – Triassic boundary in Middle East carbonates: signature of oceanic anoxia. AAPG Bull 92:691 – 707.

Elderfield H (1986) Strontium isotope stratigraphy. Palaeogeogr Palaeoclimatol Palaeoecol 57:71 – 90.

Emrich K, Ehhalt DH, Vogel JC (1970) Carbon isotope fractionation during the precipitation of calcium carbonate. Earth Planet Sci Lett 8:363 – 371.

Epstein S, Buchsbaum R, Lowenstam H, Urey H (1953) Revised carbonate – water isotopic temperature scale. Geol Soc Am Bull 64:1315 – 1326.

Erez J, Luz B (1983) Experimental paleotemperature equation for planktonic foraminifera. Geochim Cosmochim Acta 47:1025 – 1031.

Fiet N, Gorin GE (2000) Gamma – ray spectrometry as a tool for stratigraphic correlations in the carbonate – dominated, organic rich, pelagic Albian sediments in central Italy. Eclogae Geol Helv 93:175 – 181.

Grossman EL (1984) Carbon isotopic fractionation in live benthic foraminifera—comparison with inorganic precipitate studies. Geochim Cosmochim Acta 48:1505 – 1512.

Heydari E, Arzani N, Safaei M, Hassanzadeh J (2013) Ocean's response to a changing climate: clues from variations in carbonate mineralogy across the Permian – Triassic boundary of the Shareza Section, Iran. Global Planet Change 105:79 – 90.

Hoefs J (2009) Stable isotope geochemistry. Springer, Berlin Holmden C, Creaser RA, Muehlenbachs K, Leslie SA, Bergström SM (1998) Isotopic evidence for geochemical decoupling between ancient epeiric seas and bordering oceans: implications for secular curves. Geology 26:567 – 570.

Huck S, Heimhofer U, Immenhauser A, Weissert H (2013) Carbon – isotope stratigraphy of Early Cretaceous (urgonian) shoal – water deposits: diachronous changes in carbonate – platform production in the north – western Tethys. Sed Geol 290:157 – 174.

Immenhauser A, Della Porta G, Kenter JAM, Bahamonde JR (2003) An alternative model for positive shifts in shallow – marine carbonate δ^{13}C and δ^{18}O. Sedimentology 50:953 – 959.

Kroopnick P (1985) The distribution of 13C of εCO_2 in the world oceans. Deep Sea Res 32:57 – 84.

Lahijani H, Tavakoli V (2012) Identifying provenance of South Caspian coastal sediments using mineral distribution pattern. Quatern Int 261:128 – 137.

McArthur J (2007) Recent trends in strontium isotope stratigraphy. Terra Nova 6:331 – 358.

McArthur JM, Howarth RJ, Bailey TR (2001) Strontium isotope stratigraphy: LOWESS Version 3: best fit to the marine Sr – isotope curve for 0 – 509 Ma and accompanying look – up table for deriving numerical age. J Geol 109:155 – 157.

McArthur JM, Howarth RJ, Shields GA (2012) Strontium isotope stratigraphy. In: Felix M, Gradstein FM, Ogg JG, Schmitz M, Ogg G (eds) The geologic time scale 2012, 127 – 144.

McCrea JM (1950) On the isotopic chemistry of carbonates and a paleotemperature scale. J Chem Phys 18:849 – 857.

McLennan SM (2001) Relationships between the trace element composition of sedimentary rocks and upper continental crust. Geochem Geophy Geosy 2:2000GC000109.

Miura K (1973) Weathering in plutonic rocks. Part I weathering during the late – Pliocene of Gotsu plutonic rock. J Soc Eng Geol Jpn 14(3).

Naderi – Khujin M, Seyrafian A, Vaziri – Moghaddam H, Tavakoli V (2016) Characterization of the late Aptian top – Dariyan disconformity surface offshore SW Iran: a multiproxy approach. J Petrol Geol 39:269 – 286.

Nesbitt HW, Young GM (1982) Early Proterozoic climates and plate motions inferred from major element chemistry of lutites. Nature 299:715 – 717.

Palmer MR, Elderfield H (1985) Sr isotope composition of sea water over the past 75 Myr. Nature 314:526 – 528.

Pearce TJ, Wray DS, Ratcliffe KT, Wright DK, Moscariella A (2005) Chemostratigraphy of the upper carboniferous schooner formation, southern North Sea. In Colinson JD, Evans DJ, Holiday DW, Jones NS (eds) Carboniferous hydrocarbon geology: the southern North Sea and surrounding onshore areas Yorkshire Geological Society, Occasional Publication Series, vol 7. Yorkshire, pp 147 – 164.

Ramkumar Mu (ed) (2015) Chemostratigraphy: concepts, techniques and application. Elsevier, Amsterdam.

Reiche P (1943) Graphic representation of chemical weathering. J Sediment Petrol 13:58 – 68.

Retallack GJ (1997) A colour guide to paleosols. Wiley, Chichester.

Rosman JR, Taylor PD (1998) Isotopic compositions of the elements (technical report): commission on atomic weights and isotopic abundances. Pure Appl Chem 70:217 – 235.

Spirakis CS (1996) The roles of organic matter in the formation of uranium deposits in sedimentary rocks. Ore Geol Rev 11:53 – 69.

Srinivasan MS, Sinha DK (1998) Early Pliocene closing of the Indonesian Seaway: evidence from northeast Indian Ocean and southwest Pacific deep sea cores. J Southe Asian Earth 16:29 – 44.

Swart PK, Eberli G (2005) The nature of the d13C of periplatform sediments: implications for stratigraphy and the global carbon cycle. Sed Geol 175:115 – 129.

Tavakoli V (2016) Ocean chemistry revealed by mineralogical and geochemical evidence at the Permian – Triassic mass extinction, offshore the Persian Gulf, Iran. Acta Geol Sin 90:1852 – 1864.

Tavakoli V, Rahimpour – Bonab H (2012) Uranium depletion across Permian – Triassic boundary in Persian Gulf and its implications for paleooceanic conditions. Palaeogeogr Palaeoclimatol Palaeoecol 350:101 – 113.

Tavakoli V, Naderi – Khujin M, Seyedmehdi Z (2018) The end – Permian regression in the western Tethys: sedimentological and geochemical evidence from offshore the Persian Gulf, Iran. Geo – Mar Lett 38:179 – 192.

Tiwari M, Singh AK, Sinha DK (2015) Stable isotopes: tools for understanding past climatic conditions and their applications in chemostratigraphy. In: Ramkumar Mu (ed) Chemostratigraphy: concepts, techniques and application. Elsevier, Amsterdam, pp 65 – 92.

Veizer J (1989) Strontium isotopes in seawater through time. Annu Rev Earth Planet Sci 17:141 – 167.

Veizer J, Ala D, Azmy K, Bruckschen P, Buhl P, BruhnF, Carden GAF, Diener A, Ebneth S, Godderis Y, Jasper T, Korte C, Pawellek F, Podlaha OG, Strauss H (1999) 87Sr/86Sr, d13C and d18O evolution of Phanerozoic seawater. Chem Geol 161:59 – 88.

Wedepohl KH (1971) Environmental influences on the chemical composition of shales and clays. In: Ahrens LH, Press F, Runcorn SK, Urey HC (eds) Physics and chemistry of the Earth. Pergamon, Oxford.

Wefer G, Berger WH (1991) Isotope paleontology: growth and composition of extant calcareous species. Mar Geol 100:207 – 248.

Wierzbowski H (2013) Strontium isotope composition of sedimentary rocks and its application to chemostratigraphy and palaeoenvironmental reconstructions. Ann Phys 68:23 – 37.

Wignall PB, Twitchett RJ (1996) Oceanic anoxia and the end Permian mass extinction. Science 272:1155 – 1158.

Yang Y, Fang X, Li M, Galy A, Koutsodendris A, Zhang W (2015) Paleoenvironmental implications of uranium concentrations in lacustrine calcareous clastic – evaporite deposits in the western Qaidam Basin. Palaeogeogr Palae-oclimatol Palaeoecol 417:422 – 431.

第6章 岩石分类

岩石分类要综合考虑储层的性质和地质相的类型。理想的同一类岩石具有相同的地质特征和储层性质。这个单元就对应了地质模型中的一个网格。主要的储层属性就是储层中影响流体储集和流动的特点,因此常会将两种地质相合为一体,或是将同一种地质相一分为二。岩石分类的过程常包括三个方面,一是地质分类,二是静态储层属性分类,三是岩石物理分类。地质分类主要是在孔隙度—渗透率格架中综合沉积和成岩作用对储层进行分类。静态储层分类主要是考虑孔隙度、渗透率、孔喉尺寸,及其相互之间的关系划分不同的岩石类型。测井曲线通常应用聚类分析方法,将其分为不同的电相类型。最终的分类结果是同一岩石类型具有相同的地质、储层、测井曲线特征。由于在大部分井中、大部分层段都有测井曲线,因此即便缺少岩心数据,也可使用测井曲线对储层进行三维分布预测,包括静态模型和动态模型。在区域尺度上,常使用流动单元的概念将具有相同质量的储层进行分区。在储层尺度上,常使用层序地层的概念开展地层对比。所有这些尝试,都是为了降低储层的非均质性,从而了解储层微观和宏观尺度上的动态特征。

6.1 地质岩石分类

理想的岩石类型具有相同的地质、岩石物理、储层属性,同时具有相同沉积特征和成岩演化史,并具有相同动态响应特征。但通常也存在不同成岩过程的不同样品具有相同的流动特征和储集特征。同样,也存在沉积环境相同但成岩过程不同的两块样品具有不同的储层特征。这样的情况使地质岩石分类变得复杂。因为岩石类型至少要具有相同的孔渗范围,因此通常地质岩石分类要在地质和常规岩心分析之后开展。此时,已经明确了样品的沉积相和成岩属性,及其孔隙度和渗透率结果。

通常,在地质研究之后,地质家已经对岩石样品的特征有了深入了解。比如,颗粒支撑的样品通常孔隙度较高,疏松砂岩具有较高的粒间孔。作出地质属性与油藏属性的交会图,可以帮助理解地质属性对油藏属性的影响。绘制不同岩性、沉积相、成岩过程的孔渗交会图(参见6.3 部分),可以清晰反映其对储层动态的影响。这些参数还可以彼此交会,比如,绘制白云岩比例与孔隙的交会图等。需要注意的是,要将所有的图表和分析过程集成到一起,最终确定地质岩石分类。要对每种沉积相的孔渗关系进行分析,这种对比可以清晰反映每种相的储层特征。此时,两种具有相同储层特征的相要合并在一起,同时,一种相如果具有不同的流动特征也要划分为两种岩石类型(图6.1 和图6.2)。

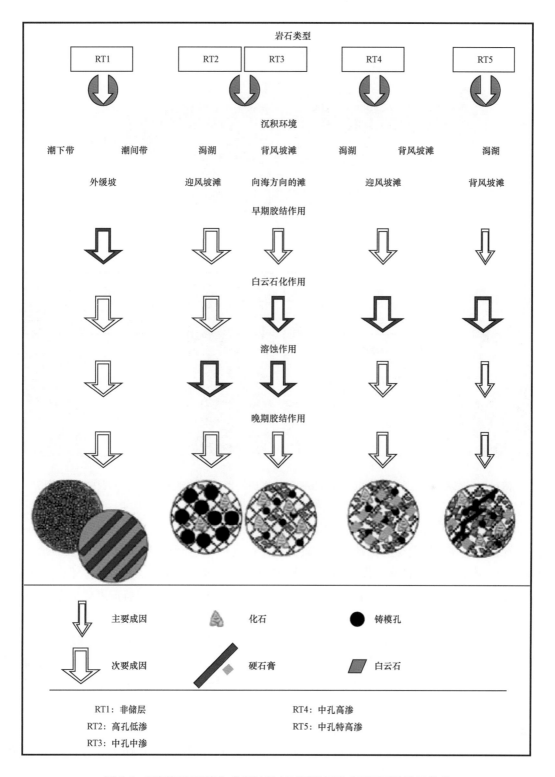

图6.1　不同沉积环境和成岩过程中不同的相形成了不同的岩石类型

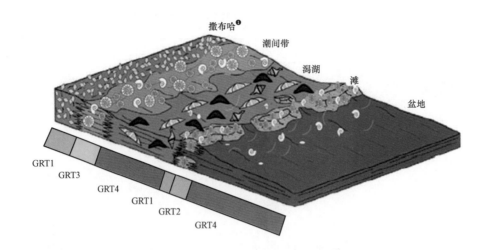

图 6.2　一种地质上的岩石类型可以包括两种或更多的相,一种相也可以划分为两种岩石类型

GRT—地质岩石类型

　　由于孔隙类型对储层性质具有重要影响,但具有相同孔隙类型的样品有时是不同成因的。比如,发育不连通注模孔隙的鲕粒灰岩常具有较高的孔隙度,而渗透率较低,这与发育大量微孔的泥质支撑的石灰岩样品一样,当然这两种相通常不会发育在同一套储层中。但另一种情况,发育较高粒间孔隙的鲕粒灰岩与白云石化的泥粒灰岩的储集和流动特征可能一样,那么这时,两种相如果发育在同一储层中,就应归为同一种岩石类型。

　　考虑到不同的相类型、不同的成岩作用、不同的孔隙类型,似乎应该将所有的地质岩石类型都定义出来。但因为实际上同一储层的沉积特征和成岩过程通常只有有限的几种,比如在碳酸盐岩缓坡中,相和环境的变化都不大,大部分时候,只会发育缓坡中的一两个部分。即便缓坡的三个部分都存在,也应该将其归为有限的几种。大部分时候,成岩过程也是相似的,比如在干旱气候条件下,主要的早期成岩作用就是白云石化作用。

　　另一个问题是对于非储层部分,当孔渗低于下限值时,样品没有储集性。应用下限值

　　❶　撒布哈是"SabRha"的音译,即盐沼。——译者注。

时要注意,无论哪个参数低于下限值,都应将其归为非储层,并将非储层作为一种岩石类型。

下面是波斯湾一套二叠系—三叠系,干旱气候条件下碳酸盐岩缓坡沉积储层的岩石分类方案。主要的岩性是石灰岩、白云岩,以及硬石膏。发育从泥质支撑到颗粒支撑的各种岩相,主要的成岩作用是溶解和白云石化作用。具体的岩石类型如下。

RT1:硬石膏和被硬石膏胶结的泥质/粒泥灰岩(非储层)。

RT2:海洋胶结的粒泥灰岩和泥粒灰岩。

RT3:白云石化粒泥灰岩/泥粒灰岩。

RT4:溶解的鲕粒/生物格架灰岩。

RT5:海洋胶结/白云石化的鲕粒/生物格架灰岩。

第一类(RT1)主要为非储层样品,孔渗极低。其中还包括硬石膏和硬石膏胶结的泥质支撑样品。在 RT2 中,样品泥晶成分的比例较高,但由于原生粒间孔的发育,样品中也存在海洋胶结物,因此具有较小到中等的孔渗水平。在 RT3 中,白云石化作用导致了中等的渗透率水平,但由于泥质的存在,其孔隙度较低。在 RT4 中,颗粒支撑样品中的异化粒在成岩过程中被选择性溶解了,因此样品具有较高的孔隙度,但渗透率较低。在最后一种类型(RT5)中,样品孔渗值较高。颗粒支撑的样品在海洋环境中被胶结,或是在后续阶段中发生了白云石化作用,这两个过程都导致了较高的孔渗水平。

另一个例子是综合沉积相和成岩作用划分的岩石类型(图 6.2)。可以看出,有的不同沉积相被合并为同一种岩石类型,有的相同的沉积相被划分为不同的岩石类型。具体的定义如下:

(1)GRT1 是鲕粒/生物碎屑泥粒灰岩到颗粒灰岩,存在破坏性白云石化作用或晶粒灰岩。这些岩石的沉积相和岩性都是不同的,但综合沉积相和成岩作用后,将其归为一种岩石类型。

(2)GRT2 与 GRT1 具有相同的沉积相类型,骨架未被溶蚀。表现为高孔隙度,但连通性较差。

(3)GRT3 主要沉积于近海环境,因此硬石膏胶结程度较高。孔隙度和渗透率较低,因此将其划为非储层类型。

(4)GRT4 包括泥灰岩到生物碎屑粒泥灰岩,发育微孔。孔隙度较高,但渗透率较低。

LØnØy(2006)提出了一种综合孔隙分类系统,将分类与孔隙度和渗透率的分布特征建立了关系(表 6.1)。他综合了 Choqutte 和 Pray(1970),以及 Lucia(1995)的孔隙描述术语,并在分类方案中增加了孔隙尺寸和孔隙分布两个关键指标。其研究成果指出,按照孔隙结构分类,孔隙度与渗透率具有很好的相关关系。LØnØy 提出的标准很有效,但完全执行下来非常耗时。其将孔隙分为微孔、中孔和大孔,确定不同孔隙的分布需要大量的薄片、压汞,或是 SEM 分析,这些条件在大部分时候都很难满足。同时,分类中包含了 19 种孔隙结构,这个数量太大了,以至于很难将其应用于 SCAL 和地质建模中的岩石分类方案。

表 6.1 LØnØy(2006)提出的孔隙分类系统

孔隙类型	孔隙大小	孔隙分布	孔隙结构	R^2
粒间孔	微孔 (10~50μm)	均匀分布	粒间孔,均匀分布的微孔	0.88
		斑点状分布	粒间孔,斑点状分布的微孔	0.79
	中孔 (50~100μm)	均匀分布	粒间孔,均匀分布的中孔	0.86
		斑点状分布	粒间孔,斑点状分布的中孔	0.85
	大孔 (>100μm)	均匀分布	粒间孔,均匀分布的大孔	0.88
		斑点状分布	粒间孔,斑点状分布的大孔	0.87
晶间孔	微孔 (10~20μm)	均匀分布	晶间孔,均匀分布的微孔	0.92
		斑点状分布	晶间孔,斑点状分布的微孔	0.79
	中孔 (20~60μm)	均匀分布	晶间孔,均匀分布的中孔	0.94
		斑点状分布	晶间孔,斑点状分布的中孔	0.92
	大孔 (>60μm)	均匀分布	晶间孔,均匀分布的大孔	0.80
		斑点状分布	晶间孔,斑点状分布的大孔	
粒间孔			粒间孔	0.86
铸模孔	微孔 (<10μm)		铸模微孔	0.86
	大孔 (>20μm)		铸模大孔	0.90
溶蚀孔洞			溶蚀孔洞	0.50
泥质微孔	微孔 (<10μm)		第三纪白垩	0.80
			白垩纪白垩	0.81
		均匀分布	白垩微孔,均匀分布	0.96
		斑点状分布	白垩微孔,斑点状分布	

　　Winland 将压汞曲线中进汞饱和度 35% 对应的喉道尺寸和孔隙度与渗透率建立了联系。Kolodzie(1980)发表了该方程,如下:

$$\text{Lg } R_{35} = 0.732 + 0.588\text{Lg } K_{\text{air}} - 0.864\text{Lg } \phi_{\text{core}} \tag{6.1}$$

　　式中,R_{35} 为对应进汞饱和度 35% 所对应的孔隙半径;K_{air} 是空气渗透率,单位 mD;ϕ 为孔隙度,单位为%。很明显,对于不同的油田,方程中的 3 个系数不同,这个系数可以通过部分样品的压汞测试结果得到,这些样品最好属于不同的岩石类型。之后的研究也发现,这个关系也适用于不同的进汞饱和度分量(Rezaee 等,2006),这主要取决于储层类型。R_{35} 所对应的不同的孔喉尺寸可用于岩石分类。在标准的 Winland 图版中,这些孔喉尺寸包括 0.2μm,0.5μm,1μm,2μm,5μm,15μm,60μm。

　　Lucia(2007)将颗粒尺寸与孔渗分布特征联系起来。他认为,在石灰岩储层中,颗粒尺寸、孔隙度以及渗透率具有一定的关系,并可用方程表示。这个方程就代表了不同的岩石物理类型和岩石结构数。他将这个概念推广至白云岩,在白云石晶粒与孔渗关系之间,也得到了相似的关系。与 kolodzie 的方程一样,不同油藏对应的方程具有不同的系数,这些系数也可以通过某些已知数据进行计算(参见 Lucia 2007 年的文章,获得更多的解释)。此外,还有许多关于不同岩石分类方法的对比研究(如 Chehrazi 等,2011;Al – Tooqi 等,2014;Rahimpour – Bonab 等,2012,2014;Moradi 等,2017;Riazi 2018)。

6.2　水力流动单元

水力流动单元的概念与岩石类型相似,但也有一些差异。Bear(1972)将流动单元定义为一定体积的储层岩石,其内部的地质和岩石物理属性相似。Ebanks(1987)对其定义增加了可绘图的概念。这意味着,流动单元在地质尺度上可追踪。Hearn(1984)及其同事定义流动单元为一个横向上和平面上都连续的储层区域。Gunter(1997)及其同事认为,流动单元要具有相似的储层性质,地层上连续分布,同时符合地层格架。Tiab 和 Donaldson(2015)定义了储层单元的四个特征,包括具有特定储层质量的岩性,可对比和绘图,可通过测井曲线进行识别,并与其他单元相连。通过这些定义可以发现,流动单元和岩石类型在相同储层和地质属性方面是相似的,但两者尺度不同,流动单元是连续可追踪的单元,岩石类型具有更高的离散性和非均质性。

还有些学者用公式表示流动单元的概念。Amaefule(1993)及其同事通过实验发现,渗透率与有效孔隙度的比值能够很好地指示储层的水动力特征。他们定义了两个参数,分别是储层质量指数(RQI)和流动单元指数(FZI),两个参数彼此相关,见式(6.3):

$$RQI = 0.0324(K/\phi)^{1/2} \tag{6.2}$$

$$FZI = RQI/\phi_z \tag{6.3}$$

$$\phi_z = \phi/(1-\phi) \tag{6.4}$$

式中　RQI——储层质量指数,μm;
　　　FZI——流动单元指数,μm;
　　　K——渗透率,mD;
　　　ϕ——孔隙度;
　　　ϕ_z——孔隙与颗粒体积的比。

不同的流动单元具有不同的 FZI,其界限通常为 0.1、0.2、0.5、1、2。最终的岩石类型和流动单元划分结果通常通过孔隙度与渗透率的交会图来表示(图6.3)。

改进的洛伦兹交会图(SMLP)是另一种确定储层流动单元的方法。洛伦兹技术来源于对人群财富的不均匀性的分析(Lorenz,1905)。后来,该项技术被应用于石油地质领域,将累计流动能力(各层的渗透率乘以厚度)与累计厚度做交会图(Schmalz 和 Rahme,1950)。通常,累计属性与累计厚度的交会图能够反映非均质的程度。很显然,如果数值按照常数指数增加,那么交会图上表现为直线,这就是所谓的良好的线性关系。非均质性会导致数值偏离理想线性关系。洛伦兹系数(Lc)表示洛伦兹曲线与理想线性关系线之间面积的两倍。使用 SMLP 方法

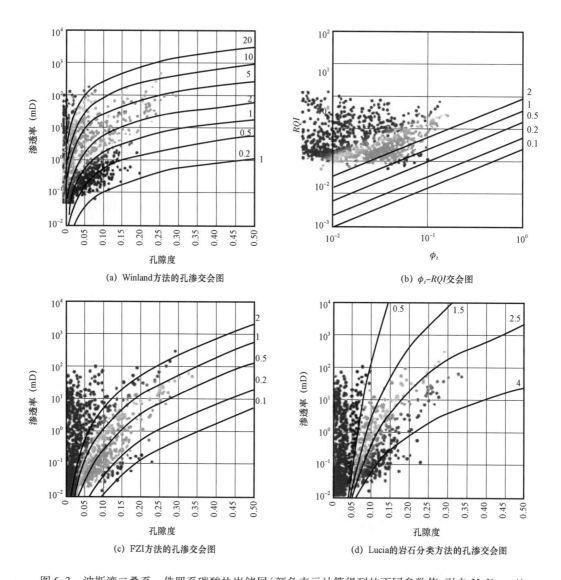

(a) Winland方法的孔渗交会图 (b) ϕ_z-RQI交会图

(c) FZI方法的孔渗交会图 (d) Lucia的岩石分类方法的孔渗交会图

图6.3 波斯湾二叠系—侏罗系碳酸盐岩储层(颜色表示计算得到的不同参数值,引自 M. Nazemi)

时,通过岩心柱塞测量的孔隙度和渗透率值都要乘以其对应的厚度,分别对应于储层的储集能力和渗透能力。SMLP 就是储集能力和渗透能力的交会图,将两者都归一化到100%。当在合理的范围内有足够多的数据时,可以得到最好的评价结果。所有曲线斜率发生突变的点都反映了储层性质的变化。曲线的斜率代表了储层质量的变化强度。

6.3 储层数据集成

综合孔渗数据与地质变量可以反映地质参数对储层属性的影响。这些关系可以解释储层数据的变化,并促进三维储层属性分布的预测。比如,在每一种相中,都可以考虑储层属性的分布,包括孔隙度、渗透率、孔隙尺寸、孔隙类型、岩石类型,以及孔喉分布等。这可以清晰地反映出相特征对储层质量的影响,追踪相的变化,并对储层进行属性赋值。需要对每两个属性进行交会分析。首先是孔渗的交会分析(图6.4),同时,也可以将不同的数据对应于深度点,绘制成曲线形式。

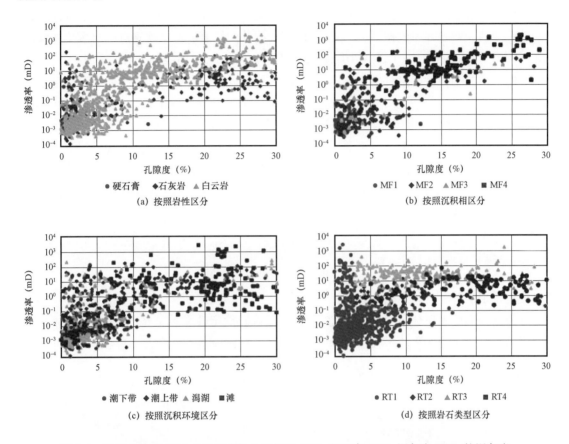

图6.4　孔渗交会图,图中的地质参数含义如下,MF1:硬石膏,MF2:泥灰岩,MF3:粒泥灰岩, MF4:结晶灰岩,RT1:非储层,RT2:海相胶结粒泥灰岩/泥粒灰岩,RT3:
白云石化粒泥灰岩/泥粒灰岩,RT4:鲕粒/生物格架灰岩)

6.4　电相的定义

储层研究的所有参数都要与测井数据进行对比,因为测井数据是大部分储层中最丰富的信息。电缆测井曲线是对井筒中岩石和流体性质的连续记录。按照特定岩石类型的定义,同种岩石类型都对应了相同的曲线响应特征。相似的岩石对应的测井曲线属性称为电相(EF)(Serra 和 Abbott,1980)。

科学的数据分析研究中,数据质量控制都是第一个步骤。因此,在所有分析之前,都要检查其井径和钻头的差异。如果其差异大于某个指定的尺寸(大部分时候是 1.5in),那么通常这个数据不可用。补偿密度(DRHO)测井曲线指示了井筒的扩径效应,因此需要特别留意。

如果 DRHO 大于 $0.1g/cm^3$,那么密度测井曲线(可能也包括其他曲线)就不可用了。在进行测井曲线分析之前,需要对曲线进行环境校正。由于需要进行岩心和测井曲线的对比,因此岩心和测井的深度校正非常重要。如果数据很旧,那可能还需要进行削峰处理。

分析测井曲线时,需要对多个类型的数据进行处理。这意味着,对于同一现象,可能会有不同的观测值。对于井筒数据,其观测值是深度和测井曲线值。每个观测点都有多个曲线值,比如,一个深度点同时具有 GR、NPHI、电阻率、DT,以及 RHOB 曲线值。计算每个深度点上,每两个曲线对的相似性就是计算两个点之间到底有多近,或是两个点对之间的距离是多少。当知道了两个点对之间的距离后,具有最小距离的两个点对就形成了第一个群组。我们可以看到2D 或 3D 空间上的距离,但超过三维空间后该如何处理?

开始多维空间上的数据分组之前,要考虑数据之间的关系。在对测井曲线进行分组时,首先要考虑所有测井曲线之间的关系。可以通过一元或是多元回归进行分析。在一元回归时,一个是自变量,一个是因变量(式6.5),在多元回归时,选择一条曲线作为自变量,其他曲线作为因变量(式6.6)

$$y = a_0 + a_1 x \tag{6.5}$$

$$y = a_0 + a_1 x_1 + a_2 x_2 + \cdots + a_n x_n \tag{6.6}$$

使用特定的数学公式可以计算出相关系数。通常使用软件进行分析,将方程预测的数据与实际数据一起绘制在交会图上,通过斜率、截距,以及确定性系数,(R^2)来推断通过线性回归解释的响应变量的变化。很明显,斜率应接近于1,截距应接近于0,R^2 应接近1(图6.5)。

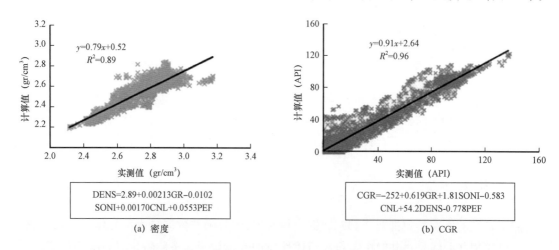

图6.5 使用其他测井数据多元回归重建的测井曲线,(a)预测的体积密度,
(b)计算的 GR 曲线,样品来自伊朗 Asmari 渐新统一中新统储层

现在回到关于距离的计算,从两个曲线的关系开始。对于两条曲线,通过交会图可以很容易判断其距离。从图上很明显地看出数据的分布特征,用户可以将其分为两个类型(图6.6a)。可以通过不同的方法计算数据距离,最普遍的算法是欧几里得方程,该方法计算

的是两个点 $p(p_1, p_2)$ 和 $q(q_1, q_2)$ 在二维空间上的直线距离,见式(6.7)。

$$d(p,q) = d(q,p) = \left[(q_1 - p_1)^2 + (q_2 - p_2)^2 \right]^{1/2} \tag{6.7}$$

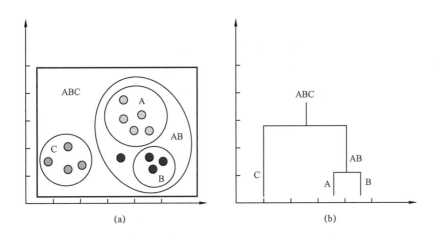

图 6.6　分级聚类(a)和遗传聚类(b)示意图

注意,这里的 p 和 q 是两个点(相当于两个深度点或是两个测井曲线的读值),p_1 和 p_2 是 p 点上两个不同的测井曲线,q_1 和 q_2 是 q 点上对应于 p 点的相同的两条测井曲线。欧几里得方程是最常用的方法,对于不同的情况,还有许多其他算法,这些算法都能够推广至多维空间。比如,这两个坐标为 $p(p_1, p_2, p_3, \cdots, p_n)$ 和 $q(q_1, q_2, q_3, \cdots, q_n)$ 的点,其欧几里得距离就是:

$$d(p,q) = \left[(q_1 - p_1)^2 + (q_2 - p_2)^2 + \cdots + (q_n - p_n)^2 \right]^{1/2} \tag{6.8}$$

重复一下,p_1 到 p_n 是 p 点处不同曲线的读值,q_1 到 q_n 是 q 点对应于 p 点相同的测井曲线读值。使用合适的方法计算每个点对之间的距离,将距离近的点对归为一组。其结果是一个一行的矩阵,包含了所有点对之间的距离,见式(6.9)。这个式子称为距离矩阵(**dm**)。

$$\boldsymbol{dm} = \left[d(1,2), d(1,3), d(1,4), \cdots, d(1,n), d(2,3), d(2,4), \cdots, d(n-1,n) \right] \tag{6.9}$$

这里,括号里的数值代表点的数量。

现在,将点对形成的群组进一步合并为更大的群组。也有很多计算群组之间距离或是对群组进行聚类的算法。将这个过程持续进行下去,直到包含所有数据为止(图 6.6a,b)。当聚类到合适的距离阶段时,用户可以终止计算过程。这个距离称为截断距离,终止条件主要取决于项目的研究目标。实际应用中,这个距离取决于聚类或是电相的数量。这个过程就称为聚类分析,可使用树状图表示(图 6.6b)。

聚类分析是储层研究中被广泛接受的确定电相的方法(Gill 等,1993;Ye 和 Rabiller,2000;Tavakoli 和 Amini,2006)。还有其他定义电相的方法,如绘制曲线的二维交会图、综合曲线图、雷达图,以及人工智能(如神经网络)算法等,这些统计方法都有相同的优势。统计方法无需进行提前训练,但人工智能方法需要基于已知成果进行训练。有时,成果并不一定适用于人工智能分析。统计方法的计算和聚类过程更清晰,且有些人工智能算法的内层很难被理解。统计聚类分析的结果稳定,并且可以通过很多方式进行修改。其他的算法在数据量较少时不能适用。

最后一个问题是确定每种电相的储层属性。在这一步之前,电相只是一个数值。这个数值不能反映样品的性质。为了解决这个问题,需要用到测井数据分析的结果。基于测井曲线,使用不同的方法和软件可以推导出很多参数。比如,当 *EF* 的数值为 1 时,表示一种特殊的岩性和孔隙度值。由于岩石中的流体含量对某些测井曲线具有重要的影响,通常,得到的电相还要反应样品的含水饱和度特征。因此,*EF* 中通常还要考虑 S_w 的影响。另一种更可靠的方法是使用岩心数据(如果岩心数据可用)。基于 RCAL、SCAL、地质分析,以及地球化学分析会得到不同的参数。如果测井曲线段同时具有岩心数据,那么建立的电相就可以与基于岩心推导的岩石类型进行对比。某个油田中,最终得到的电相会与层序地层格架内的地层具有对应性。图 6.7 展示了所有岩石分类方法之间的对应关系。

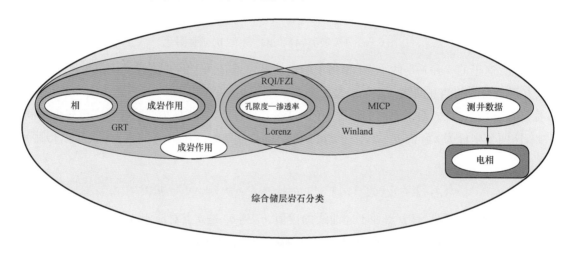

图 6.7　不同岩石分类方法关系示意图

6.5　对比和最终结果

最终,应将地质、RCAL、SCAL 和测井分类集成为一种岩石分类系统。首先考虑将 RCAL、地质和测井的分类集成到一起,再考虑将 SCAL 与之前的分类综合。需要注意的是,如果前面的分类方案是合适的,那么 SCAL 的结果应与对应的岩石类型契合。当然,还需要做必要的修正。

很重要的一点是,有些 SCAL,比如相渗测试,与流体的属性相关,而不仅仅是岩石的特征。相渗测试的结果受流体类型和饱和度的影响,而不是岩石的固有属性。这种特征不能用于静态岩石分类。事实上,动态特征很容易与前面的分类相对应,动态特征并没有改变每种样品的岩石类型,也没有改变岩石类型在井上和储层中的分布。

参 考 文 献

Al – Tooqi S, Ehrenberg SN, Al – Habsi N, Al – Shukaili M (2014) Reservoir rock typing of Upper Shu'aiba lime-stones, northwestern Oman. Petrol Geosci 20:339 – 352.

Amaefule JO, Altunbay MH, Tiab D, Kersey DG, Keelan DK (1993) Enhanced reservoir description using core and log data to identify hydraulic (flow) units and predict permeability in uncored intervals/wells. In: Paper presented at SPE annual technical conference and exhibition, Houston, Texas, 3 – 6 Oct 1993.

Bear J (1972) Dynamics of fluids in porous media. Elsevier, New York Chehrazi A, Rezaee R, Rahimpour – Bonab H (2011) Pore – facies as a tool for incorporation of small – scale dynamic information in integrated reservoir stud-ies. J Geophys Eng 8:202 – 224.

Choquette PW, Pray LC (1970) Geological nomenclature and classification of porosity in sedimentary carbonates. AAPG Bull 54:207 – 250.

Ebanks WJ (1987) The flow unit concept—an integrated approach to reservoir description for engineering projects. Am Assoc Geol Annu Conv 71:551 – 552.

Gill D, Shomrony A, Fligelman H (1993) Numerical zonation of log suites and logfacies recognition by multivariate clustering. AAPG Bull 77:1781 – 1791.

Gunter GW, Finneran JM, Hartman DJ, Miller JD (1997) Early determination of reservoir flow units using an inte-grated petrophysical method. In: Paper presented at SSPE annual technical conference and exhibition, San An-tonio, 5 – 8 Oct 1997.

Hearn CL, Ebanks WJ, Tye RS, Ranganatha V (1984) Geological factors influencing reservoir performance of the Hartzog draw field, Wyoming. J Petrol Technol 36:1335 – 1344.

Kolodzie S (1980) Analysis of pore throat size and use of the Waxman – Smits equation to determine OOIP in Spindle Field, Colorado. In: Paper presented at 55th annual fall technical conference of society of petroleum engineers, Dallas, Texas, 21 – 24 Sept 1980.

LØnØy A (2006) Making sense of carbonate pore systems. AAPG Bull 90:1381 – 1405.

Lorenz MO (1905) Methods of measuring concentration of wealth. Am Stat Assoc 970:209 – 219.

Lucia FJ (1995) Rock fabric/petrophysical classification of carbonate pore space for reservoir characterization. AAPG Bull 79:1275 – 1300.

Lucia FJ (2007) Carbonate reservoir characterization. Springer, Berlin Moradi M, Moussavi – Harami R, Mahboubi A, Khanehbad M, Ghabeishavi A (2017) Rock typing using geological and petrophysical data in the Asmari res-ervoir, Aghajari Oilfield, SW Iran. J Petrol Sci Eng 152:523 – 537.

Rahimpour – Bonab H, Mehrabi H, Navidtalab A, Izadi – Mazidi E (2012) Flow unit distribution and reservoir mod-elling in Cretaceous carbonates of the Sarvak Formation, Abteymour Oilfield, Dezful Embayment, SW Iran. J Pet Geol 35:213 – 236.

Rahimpour – Bonab H, Enayati – Bidgoli AH, Navidtalab A, Mehrabi H (2014) Appraisal of intra reservoir barriers in the Permo – Triassic successions of the Central Persian Gulf, Offshore Iran. Geol Acta 12:87 – 107.

Rezaee MR, Jafari A, Kazemzadeh E (2006) Relationships between permeability, porosity and pore throat size in carbonate rocks using regression analysis and neural networks. J Geophys Eng 3:370 – 376.

Riazi Z (2018) Application of integrated rock typing and flow units identification methods for an Iranian carbonate reservoir. J Petrol Sci Eng 160:483 – 497.

Schmalz JP, Rahme HS (1950) The variations in water flood performance with variation in permeability profile. Prod Mon 15:9 – 12.

Serra O, Abbott HT (1980) The contribution of logging data to sedimentology and stratigraphy. In: SPE9270 presented at the 1980 annual technical conference and exhibition, Dallas, TX.

Tavakoli V, Amini A (2006) Application of multivariate cluster analysis in logfacies determination and reservoir zonation, case study of Marun Field, South of Iran. J Sci Univ Teheran 32:69 – 75.

Tiab D, Donaldson EC (2015) Petrophysics, theory and practice of measuring reservoir rock and fluid transport properties. Gulf Professional Publishing, Houston.

Ye SJ, Rabiller P (2000) A new tool for electro – facies analysis: multi – resolution graph – based clustering. In: Paper presented at SPWLA 41st annual logging symposium, society of petrophysicists and well – log analysts. Dallas, Texas, 4 – 7 June 2000.

国外油气勘探开发新进展丛书（一）

书号：3592
定价：56.00元

书号：3663
定价：120.00元

书号：3700
定价：110.00元

书号：3718
定价：145.00元

书号：3722
定价：90.00元

国外油气勘探开发新进展丛书（二）

书号：4217
定价：96.00元

书号：4226
定价：60.00元

书号：4352
定价：32.00元

书号：4334
定价：115.00元

书号：4297
定价：28.00元

国外油气勘探开发新进展丛书（三）

书号：4539
定价：120.00元

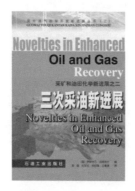

书号：4725
定价：88.00元

书号：4707
定价：60.00元

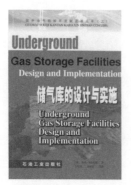

书号：4681
定价：48.00元

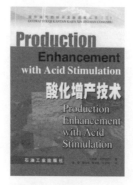

书号：4689
定价：50.00元

书号：4764
定价：78.00元

国外油气勘探开发新进展丛书（四）

书号：5554
定价：78.00元

书号：5429
定价：35.00元

书号：5599
定价：98.00元

书号：5702
定价：120.00元

书号：5676
定价：48.00元

书号：5750
定价：68.00元

国外油气勘探开发新进展丛书（五）

书号：6449
定价：52.00元

书号：5929
定价：70.00元

书号：6471
定价：128.00元

书号：6402
定价：96.00元

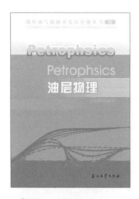

书号：6309
定价：185.00元

书号：6718
定价：150.00元

国外油气勘探开发新进展丛书（六）

书号：7055
定价：290.00元

书号：7000
定价：50.00元

书号：7035
定价：32.00元

书号：7075
定价：128.00元

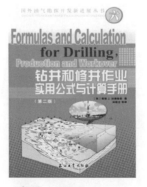

书号：6966
定价：42.00元

书号：6967
定价：32.00元

国外油气勘探开发新进展丛书（七）

书号：7533
定价：65.00元

书号：7802
定价：110.00元

书号：7555
定价：60.00元

书号：7290
定价：98.00元

书号：7088
定价：120.00元

书号：7690
定价：93.00元

国外油气勘探开发新进展丛书（八）

书号：7446
定价：38.00元

书号：8065
定价：98.00元

书号：8356
定价：98.00元

书号：8092
定价：38.00元

书号：8804
定价：38.00元

书号：9483
定价：140.00元

国外油气勘探开发新进展丛书（九）

书号：8351
定价：68.00元

书号：8782
定价：180.00元

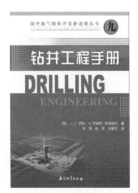

书号：8336
定价：80.00元

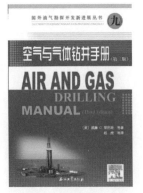

书号：8899
定价：150.00元

书号：9013
定价：160.00元

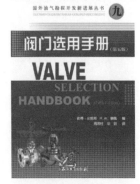

书号：7634
定价：65.00元

国外油气勘探开发新进展丛书（十）

书号：9009
定价：110.00元

书号：9989
定价：110.00元

书号：9574
定价：80.00元

书号：9024
定价：96.00元

书号：9322
定价：96.00元

书号：9576
定价：96.00元

国外油气勘探开发新进展丛书（十一）

书号：0042
定价：120.00元

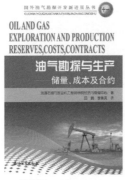

书号：9943
定价：75.00元

书号：0732
定价：75.00元

书号：0916
定价：80.00元

书号：0867
定价：65.00元

书号：0732
定价：75.00元

国外油气勘探开发新进展丛书（十二）

书号：0661
定价：80.00元

书号：0870
定价：116.00元

书号：0851
定价：120.00元

书号：1172
定价：120.00元

书号：0958
定价：66.00元

书号：1529
定价：66.00元

国外油气勘探开发新进展丛书（十三）

书号：1046
定价：158.00元

书号：1167
定价：165.00元

书号：1645
定价：70.00元

书号：1259
定价：60.00元

书号：1875
定价：158.00元

书号：1477
定价：256.00元

国外油气勘探开发新进展丛书（十四）

书号：1456
定价：128.00元

书号：1855
定价：60.00元

书号：1874
定价：280.00元

书号：2857
定价：80.00元

书号：2362
定价：76.00元

国外油气勘探开发新进展丛书（十五）

书号：3053
定价：260.00元

书号：3682
定价：180.00元

书号：2216
定价：180.00元

书号：3052
定价：260.00元

书号：2703
定价：280.00元

书号：2419
定价：300.00元

国外油气勘探开发新进展丛书（十六）

书号：2274
定价：68.00元

书号：2428
定价：168.00元

书号：1979
定价：65.00元

书号：3450
定价：280.00元

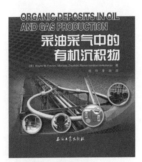

书号：3384
定价：168.00元

国外油气勘探开发新进展丛书（十七）

书号：2862
定价：160.00元

书号：3081
定价：86.00元

书号：3514
定价：96.00元

书号：3512
定价：298.00元

书号：3980
定价：220.00元

国外油气勘探开发新进展丛书（十八）

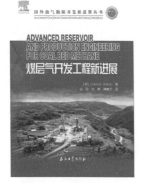

书号：3702
定价：75.00元

书号：3734
定价：200.00元

书号：3693
定价：48.00元

书号：3513
定价：278.00元

书号：3772
定价：80.00元

书号：3792
定价：68.00元

国外油气勘探开发新进展丛书（十九）

书号：3834
定价：200.00元

书号：3991
定价：180.00元

书号：3988
定价：96.00元

书号：3979
定价：120.00元

书号：4043
定价：100.00元

书号：4259
定价：150.00元

国外油气勘探开发新进展丛书（二十）

书号：4071
定价：160.00元

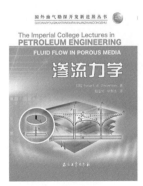

书号：4192
定价：75.00元

国外油气勘探开发新进展丛书(二十一)

书号：4005
定价：150.00元

书号：4013
定价：45.00元

书号：4075
定价：100.00元

书号：4008
定价：130.00元

国外油气勘探开发新进展丛书(二十二)

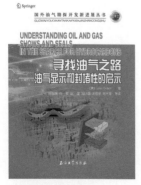

书号：4296
定价：220.00元

书号：4324
定价：150.00元

书号：4399
定价：100.00元

国外油气勘探开发新进展丛书（二十三）

书号：4362
定价：160.00元

书号：4466
定价：50.00元